长物志

ZhangWu Zhi
中国古代物质文化丛书

［明］文震亨 / 撰　　胡天寿 / 译注

重庆出版集团 重庆出版社

图书在版编目（CIP）数据

长物志 /〔明〕文震亨撰；胡天寿译注. —重庆：
重庆出版社，2017.4（2023.12重印）
ISBN 978-7-229-11476-3

Ⅰ.①长… Ⅱ.①文… ②胡… Ⅲ.①园林设计—中国—
明代 Ⅳ.①TU986.2

中国版本图书馆CIP数据核字（2017）第041148号

长物志
ZHANGWU ZHI

〔明〕文震亨 撰　　胡天寿 译注

策 划 人：刘太亨
责任编辑：吴向阳　谢雨洁
责任校对：何建云
封面设计：日日新
版式设计：曲　丹

 重庆出版集团
重庆出版社　出版

重庆市南岸区南滨路162号1幢　邮编：400061　http://www.cqph.com

重庆市联谊印务有限公司印刷
重庆出版集团图书发行有限公司发行
全国新华书店经销

开本：740mm×1000mm　1/16　印张：20　字数：300 千
2008年5月第1版　2010年3月第2版　2017年4月第3版　2023年12月第24次印刷
ISBN 978-7-229-11476-3

定价：68.00元

如有印装质量问题，请向本集团图书发行有限公司调换：023-61520678

最近几年，众多收藏、制艺类图书都以图片为主，少有较为深入的文化阐释，很有按图索骥、立竿见影之势，却明显忽略了"物"应有的本分与灵魂。有严重文化缺失的品鉴已使收藏界变得极为浮躁，赝品盛行，为害不小，这是许多藏家和准藏家共同面对的烦恼。真伪之辨，只寄望于业内仅有的少数品鉴大家很不现实。那么，解决问题的方法何在呢？专家给出的唯一建议，就是深入传统文化，读古籍中的相关经典，并为此开出意见基本一致的必读书目。这个书目中的绝大部分均为文言古籍，没有标点，也无注释，更无白话。考虑到大部分读者可能面临的阅读障碍，我们诚邀相关学者进行了注释和今译，并辑为"中国古代物质文化丛书"予以出版。

关于我们的努力，还有几个方面需要加以说明。

一、关于选本，我们遵从以下两个基本原则：一是必须是众多行内专家一直以来的基础藏书和案头读本；二是所选古籍的内容一定要细致、深入、全面。然后按专家的建议，将相关古籍中的精要梳理后植入，以求在同一部书中集中更多先贤智慧和研习经验，最大限度地厘清一个知识门类的基础与常识，让读者真正开卷有益。而且，力求所选版本皆是善本。

二、关于体例，我们仍沿袭文言、注释、译文的三段式结构。三者同在，是满足各类读者阅读需求的最佳选择。为了注译的准确精雅，我们在编辑过程中进行了多次交叉审读，以此减少误释和错译。

三、关于插图的处理。一是完全依原著的脉络而行，忠实于内容本身，真正做到图文相应，互为补充，使每一"物"都能植根于相应的历史视点，同时又让文化的过去形态在"物象"中得以直观呈现。古籍本身的插图，更是循文而行，有的虽然做了加工，却仍以强化原图的视觉效果为原则。二是对部分无图可寻，却更需要图示的内容，则在广泛参阅大量古籍的基础上，组织画师绘制。虽然耗时费力，却能辨析分明，令人眼目生辉。

四、对移入的内容，在编排时都与原文作了区别，也相应起了标题。虽然它牢牢地切合于原文，遵从原文的叙述主线，却仍然可以独立成篇。再加上因图而生的图释文字，便有机地构成了点、线、面三者相结合的"立体阅读模式"。"立体阅读"对该丛书所涉内容而言，无疑是妥当之选。

还需要说明的是，不能简单地将该丛书视为"收藏类"读本，但也不能将其视为"非收藏类读本"。因为该丛书，其实比"收藏类"更值得收藏，也更深入，却少了众多收藏类读物的急功近利，少了为收藏而收藏的平庸与肤浅。我们组织编译和出版该丛书，是为了帮助读者重获中国文化固有的"物我观"，是为了让读者重返古代高洁的"清赏"状态。清赏首先要心底"清静"；心底"清静"，人才会独具"慧眼"；而人有了"慧眼"，又何患不能鉴真识伪呢？

中国古代物质文化丛书　编辑组
2009年6月

晚明士大夫生活中的造物艺术（代序）

　　魏晋六朝，中国以山水诗为先导的士大夫文化勃然兴起。魏晋文化为唐代禅学吸收，经北宋苏轼等人大力倡导，掀起了文人画的浪潮，从此奠定了士大夫文化的地位。文人对绘画的审美扩大到园林、居室、器用，造物艺术表现出与诗歌、绘画一致的品调，品鉴、收藏蔚然成风。经元而至明清，终于形成包括诗文、绘画、品茗、饮酒、抚琴、对弈、游历、收藏、品鉴在内的庞大而完整的士大夫文化体系。江浙一带，明清时期经济已是极度富裕，文明形态极度成熟，士大夫文化几乎主导了这一地区的所有生活领域。士大夫们出于对自身居住环境艺术化的要求，会去寻访对自己设计意图和审美趣味心领神会的工匠，营造园林居室，定制陈设器用。文人意匠下的造物，不复有宗教的力量和磅礴的气势，而成了精致生活和温文气质的产物。文人把自己对生活文化的体验诉诸笔端，品鉴绘画、园林、居室、器玩的著述迭出。晚明文震亨（1585—1645年）的《长物志》便是其中颇具代表性的一部。

　　中国古代的造物艺术理论，大多是一些零乱的、破碎的杂感，士大夫偶发兴致，随笔录下，一任历史淘洗。《长物志》宏大而全，简约而丰，间架清楚，浅显晓畅，没有绝深的弦外之音，算是造物艺术中正经八百下功夫写的，所以弥觉珍贵。它是晚明文房清居生活方式的完整总结，集中体现了那个时代士大夫的审美趣味，堪称晚明士大夫生活的"百科全书"，研究晚明经济、文化、思想的重要资料。《长物志》，凡"室庐""花木""水石""禽鱼""书画""几榻""器具""衣饰""舟车""位置""蔬果""香茗"十二卷，分属工艺美术、建筑、园艺诸学科，囊括衣、食、住、行、用、游、赏，各种生活文化，并综合构成了文人清居生活的物态环境。书初脱稿，便由当时名流李流芳、沈德符等审定，至今版本不下十种。"长物"本出《世说新语》中王恭故事。作者以"长物"名书，一方面透露出身逢乱世、看淡身外余物的心境；一方面也开宗明义："寒不可衣，饥不可食"，仅文人清赏而已，不是布帛菽粟般须臾不可或缺的生活必需品。"长物"二字，确为此书庞杂的内容作了范围的界定，也是解读此书的入门之钥。

通贯《长物志》全书的，是"自然古雅""无脂粉气"等审美标准，"古""雅""韵"成为全书惊人的高频字。对不古不雅的器物，文震亨几乎一概摒弃，斥之为"恶俗""最忌""不入品""俱入恶道""断不可用""俗不可耐"，云云。文震亨最讲求的是格调品味，最讨厌的是凡、冗、俗。室庐要"萧疏雅洁"，"宁古无时，宁朴无巧，宁俭无俗"；琴要"历年既久，漆光退尽""黯如古木"，"琴轸，犀角、象牙者雅"，因为犀角沉敛温润，象牙色文俱雅，与儒家的道德风范契合；"蚌珠为徽，不贵金玉"，因为局部夺目有碍整体的黯雅；"弦用白色拓丝"，因为朱弦"不如素质有天然之妙"。这些都反映了他不片面追求材料价值，而追求黯雅古朴美感的审美观。文震亨反对人巧外露，提倡掩去人巧。他喜爱"天台藤""古树根"制作的禅椅，"更须莹滑如玉，不露斧斤者为佳"。他欣赏"刀法圆熟，藏锋不露"的宋代剔红，而对果核雕，则以为"虽极人工之巧，终是恶道"。斧斤外露所以为文震亨反对，因为"露"便不雅，"工"则易俗。"几榻"卷道："古人制几榻……必古雅可爱，又坐卧依凭，无不便适……今人制作徒取雕绘文饰，以悦俗眼，而古制荡然，令人慨叹实深。"榻"有古断纹者，有元螺钿者，其制自然古雅……近有大理石镶者，有退光朱黑漆、中刻竹树、以粉填者，有新螺钿者，大非雅器"。精工华绚，雕绘满眼，铅华粉黛，新丽浮艳，都是有碍古雅的，都在文震亨排斥之列。

文震亨更讲究居室园林经营位置的诗情画意。如"舟车"卷写小船："系舟于柳荫曲岸，执竿垂钓，弄风吟月。"景观中，一车一船一草一木不再是孤立的存在，也不再是纯客体的"物"。物物融于造化，物物"皆著我之色彩"，才是中国造园的最高境界。"位置"卷道："位置之法，繁简不同，寒暑各异，高堂广榭，曲房奥室，各有所宜，即如图书鼎彝之属，亦须安设得所，方如图画。"陈设根据环境的繁简大小和寒暑易节而变化，要在一个"宜"字——与环境谐调，才能得其归所，形成图画般的整体美和错综美。

文震亨醉心经营这样一个古雅天然的物态环境，其实是为他的自我形象的塑造服务的。诚如《长物志》沈春泽序文所言："夫标榜林壑，品题酒茗，收藏位置图史、杯铛之属，于世为闲事，于身为长物，而品人者，于此观韵焉，才与情焉。"衣、食、住、行、用亦即生活方式的选择，是文化等级的标志——品鉴"长物"，是才情修养的表现。士大夫借品鉴长物品人，构建人格思想，标举人格完善，在物态环境与人格的比照中，美与善互相转化，融为一体，物境成为人格的化身。文震亨以为，一个胸次别于世俗的文人，着衣要"娴雅""居城市有儒者之风，入山林有隐逸气象"，不必"染五采，饰文缋""侈靡斗丽"。出游用舟，要"轩窗阑槛，俨若精舍；室陈厦缋，靡不咸宜。用之祖远饯近，以畅离情；用之登山临水，以宣幽思；用之访雪载月，以写高韵；或芳辰缀赏，或靓女采莲，或子夜清声，或中流歌舞，皆人生适意之一端也。至于济胜之具，篮舆最便"。由此可见一个古代文人，生当大明王朝摇摇欲坠之时，仅为"人生适意之一端"，登山要坐双人抬的竹椅，游湖要乘俨若书房的舟船，陈列燕缋，靡不安适。舟车不再有三代明等级、别礼仪的作用，而用于"畅离情""宣幽思""写高韵"，标榜清高，自命风雅。享乐之风，晚明实盛，非文氏如此耳！文震亨要求卧室"精洁雅素，一涉绚丽，便如闺阁中，非幽人眠云梦月所宜矣"。傍山要构一斗室，"内设茶具，教一童子，专主茶役，以供长日清谈，寒宵兀坐，幽人首务，不可少废者"。他羡慕"云林清，高梧古石中，仅一几一榻，令人想见其风致，真令神骨俱冷。故韵士所居，入门便有一种高雅绝俗之趣"，若"堂前养鸡牧豕""政不如凝尘满案，环睹四壁，犹有一种萧寂气味"。他向往做个"眠云梦月""长日清谈，寒宵兀坐"的幽人名士，不食人间烟火，鄙薄生产生活。不独他遥想"神骨俱冷"，四百年后的我们想起这样一个尘封之人，也不能不倒抽一口冷气。物境的萧寂起自心底的寒寂。文震亨之心为什么这般寒寂呢？

文震亨，字启美，长洲县（今苏州）人，曾祖文征明（1470—1559年）生当明王朝承平日久、国运未衰之时，弘治帝朱祐樘又雅好绘画，吴门四家文、沈、唐、仇遂脱颖而出，晚明名望日高。祖父文彭（1498—1573年）官国子监博士，父文元发（1529—1605年）官至卫辉同知，兄文震孟（1574—1636年），天启二年状元，官至礼部尚书、东阁大学士。文氏一门，堪称"簪缨之族"。文震亨出身名门，聪颖过人，自幼得以广读博览，诗文书画均能得其家传，《明画录》称其画宗宋元诸家，格韵兼胜。其人"长身玉立，善自标置，所至必窗明几净，扫地焚香"。天启间秋试不利，从此弃科举，或与人丝竹相伴，或游山水间。后以琴、书名达禁中，"交游赠初，倾动一时"。

万历至崇祯，史称晚明。明王朝气数将尽，党争激烈，危机四伏。张居正改革失败后，万历帝朱翊钧益发荒淫逸乐，宁可和太监掷钱戏游，也懒于上朝，一切听凭太监传达。至天启间，熹宗朱由校好雕小楼阁，斧斤不去手，听任阉党魏忠贤把持朝政，杀戮异己，民怨载道。东林党以讲学为名，抨击朝政，横遭拘捕杀害。及至崇祯帝朱由检即位，尽管魏阉"投缳道路"，然而，仍党争不息，朝政日非，终于爆发了李自成领导的农民起义。崇祯帝在煤山自杀，福王朱由崧即位。马士英、阮大铖等魏阉余孽不顾国家危难，结党营私，文争于内，武哄于外。清兵入关后，弘光帝偏安江南，犹做《后庭花》梦，以致清兵南下，南明覆亡。

自儒道两学兴起，中国的士子便以出、处、仕、隐作为调节当政者与自我关系的两手。"邦有道，则显；邦无道，则隐"，朝政清明之时，知识分子往往"以天下为己任""不仕无义"，一心建功立业；而昏君当道、朝纲不振之日，知识分子又往往从政之心泯没。他们读了书，明了理，既不能"兼济天下"，又不甘失落人生价值，只有"独善其身""读万卷书，行万里路"，揣摩收藏书法名画古玩，在自娱中寻找独立的理想人格，寻找自我实现和自我充实，以超然的态度去过"隔世"的生活。这种隐于朝市的"隔世"，既异于伯夷叔齐的不食周粟，也异于陶潜的归园田居，它是重新出世的蓄养和准备，而非人格理想的彻底丧失。待邦有道，他们重新出山；若国破家亡，他们便不惜以身殉国，或彻底隐匿。这便是几千年中国文化濡养出来的中国的知识分子。文震亨伴晚明而生，伴晚明而死。天启六年（1626年），吏部郎中周顺昌因得罪魏阉被捕，苏州百姓为之聚集鸣冤者数万人；文震亨为首，与杨廷枢、王节等"前谒（巡抚毛）一鹭及巡按御史徐吉，请以民情上闻"，五义士"激于义而死"。毛一鹭上奏："文震亨、杨廷枢为事变之首，应予惩办。"东阁大学士顾秉谦力主不牵连名人，文震亨才得以幸免。翌年，崇祯即位。文震亨兄文震孟以"郡之贤大夫请于当道，即除魏阉废祠之址"以葬五义士。可见文震亨金刚怒目的一面。他之幽居，其实是"苟利国家生死以，岂因祸福避趋之"的蓄养和准备。崇祯中，文震亨到京做中书舍人；越三年，因黄道周案牵连，下狱丢官。福王在南京登基，召文震亨复职。文震亨重又燃起入仕愿望，《福王登基实录》中表示，"洗涤肺肠以事新主，扫除门户以修职业"，报国之心，跃然纸上。然而，终因阮党不能见容，辞官隐退。顺治二年（1645年）清兵攻陷南京，六月攻占苏州，文震亨投河自杀，为家人救起，又绝食六日，呕血而亡。乾隆中被赐谥"节愍"。明亡，继文震亨殉节后，又有叶绍袁（1589—1648年）削发为僧，抑郁而死；张岱（1597—1679年），于《陶庵梦忆》前自序云"国破家亡，无所归止，披发入山，骇之为野人，故旧见之，如毒药猛兽，愕窒不敢与接。作自晚诗，每欲引决，因石匮书未成，尚视息人世"；金圣叹（1608—1661年）因狂狷得祸，惨遭腰斩；方以智（1611—1671年），削发为僧，誓不降服；朱耷（1626—1705年），削发为僧，画白眼鸟，书"哭之笑之""生不拜君"，抒发亡国之痛……可见晚明知识分子心境、气节之一斑。

《长物志》审美思想的形成，除晚明政治形势使然外，晚明文艺思潮的影响更为直接。明初，便有宋濂、方孝孺力主复古。宋濂道："所谓古者何？古之书也，古之道也，古之心也……日诵之，日履之，与之俱比，无间古今也。"前后七子更文必秦汉，诗必盛唐，不脱摹拟。终明一代，文艺思潮以复古为主流。在复古文艺思潮的左右下，书画器玩均尚仿古，甚至明玉造假作汉玉，时画造假作宋画出售。别有公安派袁宏道（1568—1610年）弟兄、竟陵派钟惺（1574—1624年）等人，提倡独抒性灵，不拘格套，被斥之为"外道"。就文艺思想言，文震亨可谓复古运动的中坚分子。与早文震亨三十年、创作实践一味仿古的董其昌（1555—1636年）相比，董其昌不赞成"无一笔不肖古人者"，他在强调"平淡""天真烂漫"的同时，也激赏仇英不避精工、雅而有士气的作品，不似文震亨满纸萧寂。与晚文震亨一辈的李渔（1611—1680年）相比，李渔上承汤显祖的浪漫美学和公安派的创造精神，"所言万事，无一事不新；所著万言，无一言稍故者"，与正统观念相悖。震亨其心也古，其物力求古人神韵；笠翁（李渔字）刻意求新，不落前人窠臼。震亨涵养君子，不屑与近俗为伍；笠翁性情中人，每多浅率狂妄；震亨其人其情藏在纸背，笠翁沾沾自喜情状跃然纸上；震亨平淡失天真，笠翁天真不平淡。震亨不独力主物境平淡，他的文风是淡淡的，感情也是淡淡的，他是把身外的一切都看得很淡了。这些也许是国祚未衰和王朝末世两个不同时代以及各人不同的出身、经历、禀赋等主客观条件造成的结果吧。

张 燕 于东南大学

原 序

【原文】 夫标榜林壑，品题酒茗，收藏位置图史、杯铛[1]之属，于世为闲事，于身为长物[2]，而品人者，于此观韵焉，才与情焉，何也？挹[3]古今清华美妙之气于耳、目之前，供我呼吸，罗天地琐杂碎细之物于几席之上，听我指挥，挟日用寒不可衣、饥不可食之器，尊逾[4]拱璧，享轻千金，以寄我之慷慨不平，非有真韵、真才与真情以胜之，其调弗同也。近来富贵家儿与一二庸奴、钝汉，沾沾[5]以好事自命，每经赏鉴，出口便俗，入手便粗，纵极其摩娑护持之情状，其污辱弥甚，遂使真韵、真才、真情之士，相戒不谈风雅。嘻！亦过矣！司马相如携卓文君，卖车骑，买酒舍，文君当垆涤器，映带犊鼻裈[6]边；陶渊明方宅十余亩，草屋八九间，丛菊孤松，有酒便饮，境地两截，要归一致；右丞茶铛[7]药臼[8]，经案绳床[9]；香山[10]名姬骏马，攫石洞庭，结堂庐阜；长公[11]声伎[12]酣适于西湖，烟舫翩跹乎赤壁，禅人[13]酒伴，休息夫雪堂，丰俭不同，总不碍道，其韵致才情，政自不可掩耳！

予向持此论告人，独余友启美氏绝额[14]之。春来将出其所纂《长物志》十二卷，公之艺林，且属余序。予观启美是编，室庐有制，贵其爽而倩、古而洁也；花木、水石、禽鱼有经，贵其秀而远、宜而趣也；书画有目，贵其奇而逸、隽而永也；几榻有度，器具有式，位置有定，贵其精而便、简而裁、巧而自然也；衣饰有王、谢[15]之风，舟车有武陵蜀道之想，蔬果有仙家瓜枣之味，香茗有荀令、玉川[16]之癖，贵其幽而暗、淡而可思也。法律指归，大都游戏点缀中一往删繁去奢之意存焉。岂唯庸奴、钝汉不能窥其崖略，即世有真韵致、真才情之士，角异[17]猎奇，自不得不降心以奉启美为金汤[18]，诚宇内一快书，而吾党一快事矣！余因语启美："君家先严征仲太史，以醇古风流[19]，冠冕吴趋[20]者，几满百岁，递传而家声香远。诗中之画，画中之诗，穷吴人巧心妙手，总不出君家谱牒[21]，即余日者[22]过子[23]，盘礴累日，婵娟为堂，玉局为斋，令人不胜描画，则斯编常在子衣履襟带间，弄笔费纸，又无乃多事耶？"启美曰："不然，吾正惧吴人心手日变，如子所云，小小闲事长物，将来有滥觞[24]而不可知者，聊以是编堤防之。"有是哉！删繁去奢之一言，足以序是编也。予遂述前语相谂[25]，令世睹是编，不徒占启美之韵之才之情，可以知其用意深矣。

沈春泽　谨序

【注释】 〔1〕杯铛：杯，酒器；铛，温器。

〔2〕长物：多余的东西，除了一身之外，再也没有其他多余的东西。典出《世说新语》："丈人不悉恭，恭作人无长物。"原意指生活简朴，常形容生活贫穷。

〔3〕挹：汲取。

〔4〕尊逾：与尊踰同，尊重超过，极为尊重。

〔5〕沾沾：满足的样子。

〔6〕犊鼻裈（kūn）：形如犊鼻的围裙。

〔7〕茶铛：煮茶器。

〔8〕药臼：捣药的石臼。臼，舂米或捣物用的器具。

〔9〕经案绳床：意指读经书谈玄学。经案，摊经之案；绳床，即胡床。

〔10〕香山：指唐代诗人白居易，因晚年居于香山寺中，号"香山居士"。

〔11〕长公：指宋代苏东坡，因为是苏洵的长子，故人称"苏长公"。

〔12〕声伎：指旧时宫廷或贵族家中的歌姬舞女。在唐、宋旧制中，郡守等要召官妓侍酒。

〔13〕禅人：指苏东坡的好友佛印和尚。

〔14〕绝颔：极以为然，完全赞同。颔，点头的意思。

〔15〕王、谢：六朝时期有王、谢两姓望族，故以后谈论门第时，多提及王、谢。

〔16〕荀令、玉川：人名。荀令，指荀彧，东汉人，嗜香；玉川，指卢仝，唐代人，号玉川子，善品茶，曾作《茶歌》。

〔17〕角异：争议。

〔18〕金汤：比喻文震亨所著《长物志》的成就之高。"金汤"应为典故，指城墙和护城河，如"固若金汤"。

〔19〕醇古风流：醇古，指醇厚古朴；风流，指举止潇洒、品格清高。

〔20〕冠冕吴趋：吴中人士的表率。

〔21〕谱牒：谱，即牒，系的意思。《广雅》载："谱，牒也。""谱牒"一词，出自《史记·太史公自序》："盖取之谱牒旧闻。"

〔22〕日者：《史记》载："日者，荆有其地。"此处日者，指往日或前日。

〔23〕过子：拜访你。

〔24〕滥觞：起始、开始。

〔25〕谂：同"审"，规谏、劝告之意。

【译文】 赞赏山林沟壑，品鉴酒茶，收藏地图、书画、典籍、酒具之类，对社会而言是闲暇之事，对自身而言是多余之物，但可以从中了解一个人的品味。什么是才能与情致呢？有人擢取古今菁华美妙的精气供自己汲取，收罗天下各种各样的器物任自己把玩，收藏尊崇而不能御寒充饥的器物，胜过贵重的璧玉、珍贵的裘皮，以表现自己不凡的气概，其实他并没有真正的气韵、才气和情致去鉴赏它，因为品味格调不及。近来几个富家子弟及俗人愚汉轻狂地自诩为赏玩行家，鉴赏器物时，语言俗气，动作粗鲁，夸张地摩挲、呵护器物，矫揉造作的样子，其实是对器物的极大玷污，以致真正有品味、才情的文士避而不谈风雅了。唉！这也太过分了！司马相如与卓文君卖掉车马，买下酒铺，卓文君身着粗衣围裙在柜台卖酒；陶渊明有方圆十余亩宅院，草屋八九间，置身菊花松树之间，有酒便饮，虽然所处境地不同，胸襟旷达却是一致的。王维煮茶捣药，读经书谈玄学；白居易拥名姬养骏马，洞庭采石，庐山造屋；苏轼携歌伎畅游西湖，乘船寻访古赤壁，与好友佛印和尚对饮，居住狭小的雪堂，丰盛和俭省不同，但修养不会损害，风度才情不能掩盖！

　　我一向宣扬这种观点，只有我的朋友启美完全赞同。来年春天启美将出版他编纂的《长物志》十二卷，亮相艺林，并请我作序。我以为启美这部书，室庐规矩，贵在清爽秀丽、古朴纯净；花木、水石、禽鱼生动，贵在秀美悠远、和谐有趣；书画有章法，贵在奇特飘逸、隽永；靠几与卧榻合规，器具有形，位置合适，贵在精致适用、少而精、精巧自然；衣饰有名门大家风范，车船有武陵蜀道的意境，蔬果有仙境瓜果的风味，香茗有荀令、玉川的癖性，贵在幽远清淡、回味绵长。典章规则的要旨，是将其点缀在游戏之中，将繁琐奢费一一删除。这些不只是俗人愚汉不能了解其中大意，即使世上有真韵致、真才情，喜好求新、猎奇的文士，也不得不佩服启美，视为高不可及，认为此书确实是世间一部好书，此书的出版是文人们的一件幸事！因此我对启美说："你先祖文征明，淳古风流，引领吴地风尚近百年，声名远扬。所谓诗中之画，画中之诗，穷尽吴人的巧心妙手，都不能超出你们文家的风格流派。我以前拜访你，亲见你家的婵娟堂、玉局斋，美妙清雅，令人无法形容，而你还劳神费力地编纂出书，这不是多余吗？"启美说："并不多余，我担心吴人的意趣技艺以后逐渐改变。正如你所说的，这小小的闲暇之事，身外之物，后世可能会不知道它的源流了，特编此书，以作防备。"是啊！删除烦琐，去除奢费这一句话，就足以作为此书的序言。于是我将这些写在文中告诉世人，让人们阅读此书时，不只是感受启美的韵致才情，还能领会他的深远用意。

沈春泽　谨序

目 录

卷十二 · 香 茗 ……………………………………（273）

卷一·室庐

　　居山水间者为上，村居次之，郊居又次之。吾侪纵不能栖岩止谷，追绮园之踪，而混迹廛市，要须门庭雅洁，室庐清靓，亭台具旷士之怀，斋阁有幽人之致。又当种佳木怪箨，陈金石图书，令居之者忘老，寓之者忘归，游之者忘倦。蕴隆则飒然而寒，凛冽则煦然而燠。若徒侈土木，尚丹垩，真同桎梏樊槛而已。

【原文】居山水间者为上，村居次之，郊居又次之。吾侪[1]纵不能栖岩止谷[2]，追绮园[3]之踪，而混迹廛市[4]，要须门庭雅洁，室庐清靓，亭台具旷士之怀，斋阁有幽人之致。又当种佳木怪箨[5]，陈金石图书，令居之者忘老，寓之者忘归，游之者忘倦。蕴隆[6]则飒然而寒，凛冽则煦然而燠[7]。若徒侈土木，尚丹垩[8]，真同桎梏[9]樊槛而已。志《室庐》第一。

【注释】〔1〕吾侪（chái）：我辈。

〔2〕栖岩止谷：指栖居山林。岩，石窟，洞穴。谷，山谷。

〔3〕绮园：指绮里季、东园公，是秦朝末年"商山四晧"中的隐士。这里泛指隐士。

〔4〕廛（chán）市：都市。

〔5〕怪箨（tuò）：怪竹。箨，竹笋皮。

〔6〕蕴隆：暑气郁结而隆盛。

〔7〕燠（yù）：暖，热。

〔8〕丹垩（è）：涂红刷白，指油漆粉刷。丹，红色。垩，白色。

〔9〕桎梏（zhì gù）：中国古代的刑具，类似于现代的手铐、脚镣。这里引申为束缚、压制。

【译文】居住在山水之间为上乘，居住在山村稍逊，居住在城郊又差些。我辈纵然不能栖居山林，追寻古代隐士的踪迹，但即使混迹世俗都市，也要门庭雅致，屋舍清丽。亭台有文人的情怀，楼阁有隐士的风致。应多种植些佳树奇竹，陈设些金石书画，使居住其间之人，永不觉老；客居其间的人，忘记返归；游览其间的人，毫无倦意。即使潮湿闷热也会感觉神清气爽，寒冷凛冽也会觉着和煦温暖。如果居屋只是追求高大豪华，崇尚色彩艳丽，那就如同脚镣手铐、鸟笼兽圈了。

门

【原文】用木为格，以湘妃竹横斜钉之，或四或二，不可用六。两旁用板为春帖，必随意取唐联佳者刻于上。若用石梱[1]，必须板扉。石用方厚浑朴，庶不涉俗。门环得古青绿蝴蝶兽面，或天鸡饕餮之属，钉于上为佳，不则用紫铜或精铁，如旧式铸成亦可，黄白铜俱不可用也。漆惟朱、紫、黑三色，余不可用。

【注释】〔1〕石梱（kǔn）：石门槛。

【译文】用木做门框的横格，字上面横斜地钉上斑竹，只能用四根或者两根，不能用六根。门的两旁用木板做春联，一定要根据自己的兴趣选取好的唐诗联句刻写在木板上。如果用石头做门槛，就一定要用木板门扇。用作门槛的石头，应选方正浑厚的，才不俗气。门环最好用蝴蝶、兽面，或者天鸡、饕餮等形状的古青铜钉在门上方为上乘，否则，就用紫铜或者精铁，按旧式铸造而成的也行，黄铜

□ **垂花门**

垂花门是富家宅院的第二重正门，又称"仪门"，是内宅与外宅（前院）的分界线和唯一通道。古时说"大门不出，二门不迈"，"二门"即指此门。门上檐柱不落地，垂吊在屋檐下，通常彩绘或雕刻花瓣、莲叶，所以叫"垂花门"。垂花门的门有两道，一道是在中柱位置上，白天开启，夜间关闭；另一道是在内檐柱位置上的屏门，平时关闭，仅在重大仪式时开启。

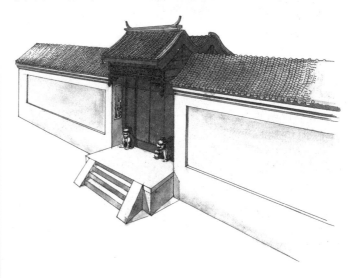

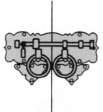
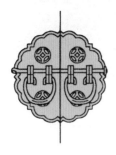

各式门簪及铺首

□ 门楼式大门

门楼式大门在晋中、皖南和江南等地常用。这种门直接开在墙上，然后用砖石在门上砌出门楼的样式，顶部屋脊两端通常做成吻兽的样式。

□ 广亮大门

广亮大门是四合院宅门中等级、形制最高级的一种属屋宇式大门。其门厅高大，门槛高，为两扇厚实的大木门，门环用铜制或铜鎏金的兽头铺首，门两边是青石抱鼓石，像镇宅的门神，门前有广场和照壁，有的人家门前还有一对石狮。

□ 乌头门

乌头门又叫"棂星门"，是一种二柱一额，带门扇，无屋顶的木门。隋唐时为六品以上官员府第宅门，后逐步发展为后世起旌表作用的牌坊，大都已不作门扇之用。

勿兽

安装于古代建筑物屋脊上的兽形装饰构件，屋顶正脊、垂脊、岔脊或屋檐上。位于正脊的称为正吻，因形象不同，又有鸱吻、鸱尾称。此鸱吻相传为龙之九子之一，有辟除火作用。

铺首

古代大门门扉上的环形装饰物，位于两扇街央门缝的两侧，约在一人高的地方。上面往有一个类似今天门把手的物件，可以是门也可以是其他形状的门坠。衔着门环或吊着的底座即为铺首，也名门铺。铺首上面多以纹装饰为主，"兽面衔环辟不祥"乃是对铺形象描绘。铺首不仅实用、美观，还具有辟福的作用。

门簪

连楹固定上槛的构件，形制略似古代妇女头发簪，四枚最为常见，正面采用雕刻或描纹图案。以四季花卉最为多见，常有"春""夏荷""秋菊""冬梅"。图案间多见吉意的字样，四枚时多见"福禄寿德""天下"等字样，两枚时多见"吉祥"等字样。

抱鼓石

抱鼓石一般是指位于宅门入口、形似圆鼓的人工雕琢的石制构件，因为它犹如抱鼓的形故此得名。主要是起稳固楼柱的作用。

和白铜的都不能用。漆，只能用红、紫、黑三种，其余的都不能用。

阶

【原文】自三级以至十级，愈高愈古，须以文石剥成；种绣墩或草花数茎于内，枝叶纷披，映阶傍砌。以太湖石叠成者，曰"涩浪"，其制更奇，然不易就。复室须内高于外，取顽石具苔斑者嵌之，方有岩阿之致。

【译文】门前石阶，从三级到十级，越高越显得古朴，要用有纹理的石头剥开制成；在石阶缝隙里种上一些"沿阶草"或野花草，枝叶纷纷，披挂在石阶上。用带有水纹的太湖石砌成的石阶，如同水波，谓之"涩浪"，此阶形制更加奇妙，但是不易做好。套房的内室要高于外室，用形状不规则、带有苔藓痕迹的石头镶嵌台阶，这样才有山谷的风味。

□ 古代台阶范式

古代建筑台阶又名踏垛，根据形制不同可分为四类。御路踏垛，由斜道与台阶的踏步组合而成，一般用于宫殿与寺庙建筑；垂带踏垛，在踏垛两旁设置垂带石的踏道，最早出现于东汉画像砖；如意踏垛，仅有阶梯形踏步，而不带垂带石的踏道，多用于住宅和园林建筑；礓磜踏垛，又名慢道或坡道，在斜坡道上用砖石露棱堆砌而成，一般用于室外高差较小的地方，有防滑的作用。

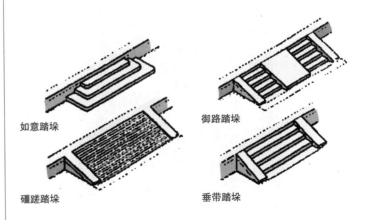

如意踏垛　　　　御路踏垛

礓磜踏垛　　　　垂带踏垛

窗

【原文】 用木为粗格，中设细条三眼，眼方二寸，不可过大。窗下填板尺许，佛楼禅室，间用菱花及象眼者。窗忌用六，或二或三或四，随宜用之。室高，上可用横窗一扇，下用低槛承之。俱钉明瓦，或以纸糊，不可用绛素纱及梅花簟。冬月欲承日，制大眼风窗；眼径尺许，中以线经其上，庶纸不为风雪所破，其制亦雅，然仅可用之小斋丈室。漆用金漆，或朱黑二色，雕花、彩漆，俱不可用。

【译文】 先用粗木条隔成大格子，再用细木条将大格子隔成三个小格子，每格二寸见方，不能过大。窗下填板约一尺，供奉佛像的楼阁和打坐的禅室，装饰上菱花或象眼的图案。窗户不能设为六扇，二、三、四扇都可以。室内空间高的，可以在上面开一扇窗户，下面连接低栏杆。都装上明瓦，或者用纸糊上，但不能用深红色的绉纱和梅

□ **隔扇窗**

隔扇窗既有窗的功能，又有墙和门的作用，起围护、分隔、采光和通风的作用，运用十分广泛。

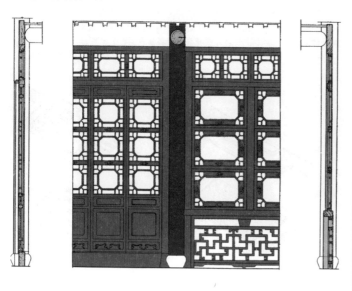

◎窗的式样

　　古代建筑以坐北朝南为最佳方位，这样的古宅大门通常开设在南面的中央，窗户多设置在西南、东南、东、西四个方位。南面窗户以大门中线两边对应分布，而东西两侧窗户也要对称开设，如此才可维持阴阳平衡，也可形成四方汇聚于中堂的"四水归堂"之势。这样的布局主藏风聚水，有利于家运昌盛。窗户数量，应根据房屋长度和宽度开设。普通古宅的南面以两扇为佳，分布于大门两侧对称分布；东西面的窗户多依房间数量对应开设，多为三扇。大宅可相应地对称增设窗户的数量。

　　窗是设在屋顶或墙上的孔洞，起着排气、通风和装饰的作用。根据形制，唐以后的窗大体有以下这几种。

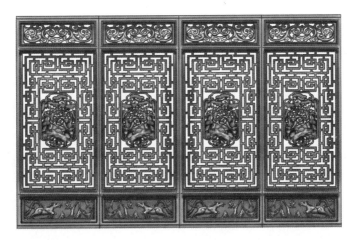

□ 槛　窗

　　将隔扇门去掉裙板部分而成。一般用于厢房、次间和过道槛墙上。

□ 支摘窗

　　可分为二部，上部为支窗，下部为摘窗，两者面积相等。支窗可由下往上支起，摘窗可取下。

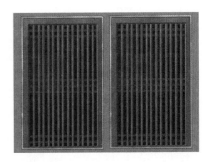

□ 直棂窗

　　窗格以竖向直棂为主，固定不能开启，是一种比较古老的窗式。

花纹的竹帘。冬天为了能接收更多的阳光，就做大孔的风窗；孔径约一尺，在中间缠上几道线，糊上窗户纸就不会被风刮破，这样也很雅致，不过只能用在较小的居室。漆窗户要用金漆，或者红、黑二色，雕花漆、彩色漆都不能用。

栏 杆

【原文】 石栏最古，第近于琳宫、梵宇[1]，及人家冢墓。傍池或可用，然不如用石莲柱二，木栏为雅。柱不可过高，亦不可雕鸟兽形。亭、榭、廊、庑，可用朱栏及鹅颈承坐；堂中须以巨木雕如石栏，而空其中。顶用柿顶，朱饰，中用荷叶宝瓶，绿饰；"卐"字者宜闺阁中，不甚古雅；取画图中有可用者，以意成之可也。三横木最便，第太朴，不可多用。更须每楹[2]一扇，不可中竖一木，分为二三，若斋中则竟不必用矣。

【注释】〔1〕梵宇：寺庙。
〔2〕楹：计量房屋的数量单位。

【译文】 栏杆要数石栏杆最古朴，只是多用于道院、佛寺以及墓地。池塘边也可以用，但是不如石雕莲花柱和木栏杆雅致。栏杆的立柱不能过高，也不能雕刻成鸟兽形状。亭子、水边楼台、走廊、小屋，可以用朱红栏杆和鹅颈杠杆作为靠背；中间的立柱要用大木料雕成石栏杆的样子，中间挖空。顶部做成柿子形状，漆成朱红色，中部做成荷叶宝瓶形状，漆成绿色；饰有"卐"字图案的栏杆适合用于内室，但不太古雅；可以从画图中选取符合自己心意的图案来做。用三道横木做成的栏杆最简便，只是过于朴拙，不能多用。而且栏杆要以一根立柱为一扇，不能在中间用竖木来分成二三格，如果在室内就不必都这样。

◎栏杆诸式样图

在古代园林中，栏杆指置于楼阁殿亭等建筑物台基、踏道、平座楼梯边或两侧有扶手的护围结构；竖木为栏，横木为杆，故为栏杆。栏杆多用木、竹、石等材料。这些不同材质的栏杆，又可分为不同的形式，其中常见的有普通栏杆、坐凳栏杆和鹅颈栏杆等。

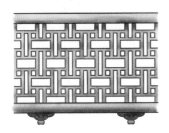

□ 普通栏杆

普通栏杆多用于楼阁敞轩中，以分隔空间和装饰，其样式较多，以简朴为雅。在《园冶》一书中作者记录了上百种栏杆样式，多为江南园林中的图案花样。

□ 鹅颈栏杆

鹅颈栏杆常用在临水的亭榭、楼阁上层的回廊上，是在坐凳栏杆上加了一个弯曲的靠背而成，既有休息观赏的功用，也是建筑外立面很好的装饰。

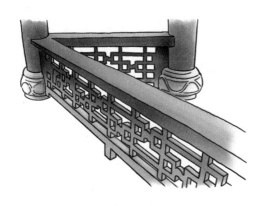

□ 坐凳栏杆

坐凳栏杆多用于长廊中，安排于廊柱之间，可供有人走累时停留休息之用。

□ 照 壁

　　照壁，是中国四合院特有的部分。古人称之为"萧墙"，因而有"祸起萧墙"之说。旧时，人们认为自己宅中不断有鬼来访，修上一堵墙，以断鬼的来路。另一说源于古代的风水学说。古代风水讲究导气，气不能直冲厅堂或卧室，否则不吉。为避免气冲，古人便在房屋大门前置一堵墙。同时为保持"气畅"，这堵墙不能全部封闭，故形成照壁这种建筑形式。照壁与大门之间形成一个小小的院落，这个过渡空间可以使人们在进入四合院之前稍作一下整理。因此，照壁具有挡风、遮蔽视线的作用。

□ 照壁中心图案

　　照壁中心图案多为砖雕，图案可以是四季花卉，象征富贵；也有的雕刻文字图案，家中照壁多做"福"字，佛寺中的照壁则以"净"字等为主。

照　壁

　　【原文】　得文木如豆瓣楠之类为之，华而复雅，不则竟用素染，或金漆亦可。青紫及洒金[1]描画，俱所最忌。亦不可用六，堂中可用一带，斋中则止中楹用之。有以夹纱窗或细格代之者，俱称俗品。

　　【注释】　[1]洒金：即器物加漆后，用笔将金箔洒于其上。

　　【译文】　选用像"豆瓣楠"这类有纹理的木材来做的照壁，既华丽又雅致，如果不是用有纹理的木材做的，就全部漆成白色，或者金漆也可以，最忌讳用青紫色以及洒金描画。照壁也不能用六面，厅堂可以用长幅的，室内就只在当中设置。有的用夹纱窗或者细木格子代替，这些都流于低俗了。

堂

【原文】 堂之制，宜宏敞精丽，前后须层轩广庭，廊庑[1]俱可容一席；四壁用细砖砌者佳，不则竟用粉壁。梁用球门，高广相称。层阶俱以文石为之，小堂可不设窗槛[2]。

【注释】 〔1〕廊庑（wǔ）：走廊。
〔2〕窗槛：窗下的栏杆。槛，栏杆。

【译文】 堂屋的规格，应当宽敞华丽，前面要有庭院，后面要有楼阁，走廊应能容纳一席宴席；四面墙壁用细砖砌成最好，如若不然就全部做成粉墙。大梁做成拱

① 前 堂
多为聚会、宴请、赏景之用，其造型高大、空间宽敞、装饰精美、陈设富丽，在前后或四周都设有门窗。

② 后 室
一般是园主人的起居之所，其正面开设有门窗。不同园林的堂，功用也有不同，有的作会客之用，有的作宴请、观戏之用，而有的作书房用。

□ **厅堂剖面**

"堂"字出现较早，大约于周代，原意是相对内室而言，指建筑物前部对外敞开的部分。古代屋舍，前为堂，后为室，"升堂入室"这个成语充分体现了古代建筑中堂与室布局前后的关系。堂屋一般是供奉祖先牌位及接待宾客之地，而室一般指"内室"，做卧室用，不轻易让外人进入。

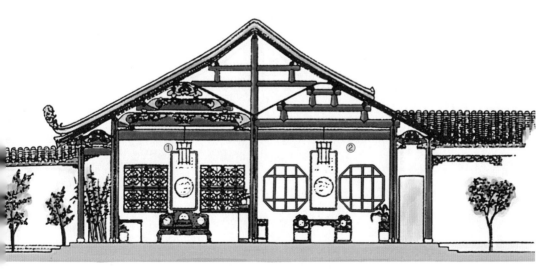

形，高宽适度。台阶用带纹理的石料垒砌，小堂屋可以不设窗槛。

山 斋

【原文】 宜明净，不可太敞。明净可爽心神，太敞则费目力。或傍檐置窗槛，或由廊以入，俱随地所宜。中庭亦须稍广，可种花木，列盆景，夏日去北扉，前后洞空。庭际沃以饭渖[1]，雨渍苔生，绿缛可爱。绕砌可种翠云草令遍，茂则青葱欲浮。前垣宜矮。有取薜荔根瘞[2]墙下，洒鱼腥水于墙上以引蔓者。虽有幽致，然不如粉壁为佳。

【注释】 [1]饭渖（shěn）：米汤。
[2]瘞（yì）：埋。

【译文】 山居应当明亮洁净，不要太宽敞。明亮干净可以让人心神爽快，过于宽敞就有些费眼神。或者靠近屋檐处设置窗槛，或者由走廊进入室内，这些需要根据地形环境设置。中堂前的庭院需稍微大一些，可以种上些花木，摆设盆景，夏天卸去北面的门扇，前后贯通，便于通风。庭院里浇洒一些米汤，雨后就会生出厚厚的苔藓，青翠可爱。沿着屋基全都种满翠云草，夏日茂盛时，就会苍翠葱茏，随风浮动。前面的院墙要做得低矮一些，有的人将薜荔草的根埋在墙下，再往墙上洒些鱼腥水，使藤蔓顺墙攀缘，这样，虽然有幽深的风味，但还是不如白色粉墙好。

丈 室

【原文】 丈室宜隆冬寒夜，略仿北地暖房之制，中可置卧榻及禅椅之属。前庭须广，以承日色，留西窗以受斜阳，不必开北牖也。

① 经 箱
　　置于佛室内用于盛放经书。所藏经书，可分为卷子本、册子本。

② 佛 像
　　佛像为佛室主体物，且要放在重要位置，常置于供桌之上。佛像形象以慈祥、端庄为主，在材质上以厚实的掺金材质为主，以示佛光。

③ 经 书
　　佛家弟子修行之物，经书种类较多，佛家弟子据此学习佛家文化，行佛教人士之道。

④ 香 炉
　　佛室内必备之物，常与箸瓶、香勺、香铲共用。

【译文】 丈室用于隆冬寒夜，其规格大约与北方的暖房相同，室内可设置卧榻和禅椅等。前面的庭院要宽敞，便于接受阳光，西面开设窗户，用来接受西斜的日光，北面则不必开窗。

佛堂

□ 佛堂

设立佛堂宜选择不吵闹的地方，若空间配置许可，佛像最好朝向大门。供奉的佛像或菩萨像，可以与自己本身修持相应的为主。佛像供奉于中央，并与佛堂或佛桌的大小配合。佛堂不宜作扶箕问卜之用。佛堂中的物品包括佛像菩萨、法器、拜垫、经书、花器、香炉、烛台、无尽灯、净水杯、供果盘等，可增可减，只要对称、庄严即可。

【原文】 筑基高五尺余，列级而上，前为小轩及左右俱设欢门，后通三楹供佛。庭中以石子砌地，列幡幢[1]之属，另建一门，后为小室，可置卧榻。

【注释】 〔1〕幡幢：佛教特有的旗帜。

【译文】 佛堂需筑五尺高的台基，建阶梯通往堂前，佛堂前设小轩，小轩两侧开旁门，后面与供奉佛像的厅堂相通。厅堂用石子铺砌地面，陈设幡幢等佛事用具，另外开设一门通往后面的小室，室内可放置卧榻。

桥

【原文】 广池巨浸[1]，须用文石为桥，雕镂云物，极其精工，不可入俗。小溪曲涧，用石子砌者佳，四旁可种绣墩草。板桥须三折，一木为栏，忌平板作朱"卍"字栏。有以太湖石为之，亦俗。石桥忌三环，板桥忌四方磬折，尤忌桥上置亭子。

【注释】 〔1〕巨浸：巨大的湖泊。

【译文】 宽广的池塘湖泊，需用有纹理的石头架桥，石桥上雕刻云气、景物，做工务求精细，不可流俗。小溪山泉，用石子垒成小桥为佳，四周可种上绣墩草。木桥需有三折，不宜平直；用木条做成栏杆，忌讳用平板做成朱红的"卍"字栏杆；也有用太湖石做的，这很俗气。石桥忌讳三个转折，木桥忌讳直角转折，尤其忌讳在桥上建亭子。

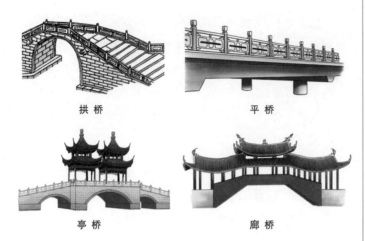

拱桥 平桥

亭桥 廊桥

□ 桥

园林中，因水而有桥不仅可点缀水景，又可增加水面层次。一般来说，若在大水面上架桥，且又位于主要建筑附近的，宜重视桥的体形和细部的表现，以显示其宏伟壮丽之美；如果在小水面上架桥，则宜简化其体形和细部，表现其轻盈质朴之美。水面宽广或水势湍急者，桥宜较高并加栏杆；水面狭窄或水流平缓者，桥宜低并可不设栏杆。水陆高差相近处，平桥贴水，过桥有凌波信步之感；沟壑断崖上危桥高架，能显示山势的险峻。水体清澈明净，桥的轮廓需考虑倒影之美；地形平坦，桥的轮廓宜有起伏，以增加景观的变化。常见的园林桥的基本形式有平桥、拱桥、亭桥、廊桥四种。

茶 寮

【原文】 构一斗室，相傍山斋，内设茶具，教一童专主茶役，以供长日清谈，寒宵兀坐[1]。幽人首务，不可少废者。

【注释】 [1]兀坐：指独自坐于茶室。

【译文】 建一小屋与山居相傍，室内设茶具。令一小童专事烹茶，专供白天夜晚清谈闲聊所需的茶水。这是山林隐士的首要之事，不可或缺。

琴 室

【原文】 古人有于平屋中埋一缸，缸悬铜钟，以发琴声者。然不如层楼之下，盖上有板，则声不散。下空旷，

□ 茶寮

从明代起，茶寮渐渐独立于书舍之外，成为整体房舍之外的一个独立小舍，以便文士读书赏画、品茗独坐、长日清淡。茶寮的独立，估计与防火有关。明代建筑多为木结构，而茶寮备有火炉，必须堆放和长时间燃烧火炭或松枝，有较大安全隐患。茶寮独立，即使出现火情，也不会危及别的房舍。

则声透彻。或于乔松、修竹、岩洞、石室之下，地清境绝，更为雅称耳！

【译文】 古时有人在平房的地下埋一口大缸，里面悬挂铜钟，用此与琴声产生共鸣。但不如在楼房底层弹琴的效果，由于上面是封闭的，声音不会散；下面空旷，声音也就很透彻。或者把琴室设在乔松、修竹、岩洞、石屋之下，地清境净，则更具风雅。

浴 室

【原文】 前后二室，以墙隔之，前砌铁锅，后燃薪以俟，更须密室，不为风寒所侵。近墙凿具井，具辘轳，为窍引水以入。后为沟，引水以出。澡具巾帨，咸具其中。

【译文】 用墙将浴室分隔为前后二室。前室架铁锅盛水，后室砌炉灶烧火。浴室需密闭，不让寒风进入。靠近墙边凿井并架设辘轳提水，在墙上凿孔引水入内。屋后开沟排水。洗浴用具都放置到浴室内。

街径 庭除

【原文】 驰道[1]广庭，以武康石皮砌者最华整。花间岸侧，以石子砌成，或以碎瓦片斜砌者，雨久生苔，自然古色，宁必金钱作埒[2]，乃称胜地哉?

【注释】 〔1〕驰道：古代天子所行之道，谓之"驰道"。此处译为通行之道路。
〔2〕埒(liè)：堤坝。

【译文】 道路及庭院地面用武康石石块铺设，显得最为华丽整洁。花木间的小道、池水岸边，用石子铺砌，或者用碎瓦片斜着嵌砌，雨水经久便生苔藓，自然天成，古色古香。为什么一定要耗费巨资打造的才称得上美景胜地呢?

楼 阁

【原文】 楼阁作房闼[1]者，须回环窈窕；供登眺者，须轩敞宏丽；藏书画者，须爽垲[2]高深，此其大略也。楼作四面窗者，前楹用窗，后及两旁用板。阁作方样者，四面一式，楼前忌有露台卷篷，楼板忌用砖铺。盖既名楼阁，必有定式，若复铺砖，与平屋何异？高阁作三层者最俗。楼下柱稍高，上可设平顶。

【注释】 〔1〕房闼（tà）：卧室。
〔2〕爽垲（kǎi）：干燥的高处。

【译文】 楼阁，用作居住的，应小巧玲珑；专供登高望远的，须宽阔敞亮；用于藏书画的，必须地势高凸、干爽透风，这些是建造楼阁的基本要求。楼阁需四面都开窗的，前面的做成透光窗，后面及两旁的做成木板窗。楼阁是四方形的，四面都应一样，楼前忌讳设置露台、阳篷，楼板上不能铺砖。既然是楼阁，就应有一定格式，如果再铺上砖，与平房有什么区别呢？楼阁做成三层，最俗气。楼下立柱稍高，上面可设成平顶。

台

【原文】 筑台忌六角，随地大小为之。若筑于土冈之上，四周用粗木，作朱阑亦雅。

【译文】 筑台，忌讳做成六角形，应根据地面大小来建筑。如果建筑在山冈上，四周用粗木做栏杆，漆成朱红色，也还是比较素雅的。

海 论[1]

【原文】 忌用"承尘"，俗所称"天花板"是也；此仅可用之廨宇中。地屏则间可用之。暖室不可加簟，或用氍毹[2]为地衣亦可，然总不如细砖之雅。南方卑湿，

贵阳城南南明河中之甲秀楼

苏州拙政园之浮翠阁

□ 楼 阁

　　楼与阁在早期有所区别。楼指重屋，上下两层全住人；阁一般带有平座，古代为储藏性建筑，用来收藏书、经等，常与楼连称。楼阁多为木结构，其特点是，通常四周设槅扇或槛回廊，供远眺、游憩用。古朴的飞檐画栋、精致的花窗青瓦，采用"歇山顶"设计的楼阁，檐角微翘、坡面和缓，形体轻盈，轮廓清晰，充满诗情画意。游人登高远眺，碧水连天，心旷神怡。

◎铺地式样

　　园林与住宅的地面铺设有所不同。广厦厅堂的地面采用水磨方砖铺设，曲折回环的园林小径多用乱石铺设。园林中的庭院适合铺设成叠胜的样式，靠台阶的地方可铺成回文图案。在嵌砌成的八角形图框中，可用鹅卵石填铺成蜀锦图案；在立有湖石的地方可用废弃瓦片铺设成汹涌的波浪图案；栽植有梅花的庭院，地面可铺设成冰裂图纹。

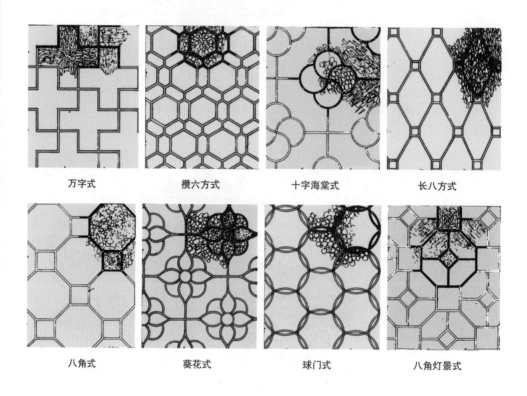

| 万字式 | 攒六方式 | 十字海棠式 | 长八方式 |
| 八角式 | 葵花式 | 球门式 | 八角灯景式 |

空铺最宜，略多费耳。室忌五柱，忌有两厢。前后堂相承，忌"工"字体，亦以近官廨也，退居则间可用。忌旁无避弄，庭较屋东偏稍广，则西日不逼；忌长而狭，忌矮而宽。亭忌上锐下狭，忌小六角，忌用葫芦，顶忌用茆盖，忌如钟鼓及城楼式。楼梯须从后影壁上，忌置两旁，砖者作数曲更雅。临水亭榭，可用蓝绢为幔，以蔽日色。紫绢为帐，以蔽风雪，外此俱不可用。尤忌用布，以类酒舫及市药设帐也。小室忌中隔，若有北窗者，则分为二室，忌纸糊，忌作雪洞，此与混堂无异，而俗子绝好之，

◎廊的式样

所谓廊，即庑延伸出的建筑物，通常指屋檐下的过道、房屋内的通道或有独立盖顶的通道，以曲折悠长为胜。廊不仅可美化建筑物的外观，而且还可划分空间格局，不同形式的廊起着不同的作用。

□ 双层廊

即上下两层的廊，也叫"楼廊"。它的存在不仅提供了上下不同高度的观赏景点，也丰富了园林建筑的空间构图。

□ 抄手廊

此廊常用于几座建筑物之间，用来连接。其"抄手廊"之名源于其形犹如同时往前伸出而略呈环抱状的两只手，故又名"扶手椅"式游廊。

□ 曲廊

曲廊为园林中常用的一种样式，其形式曲折多变。盖顶可为坡顶、平顶、拱顶等。修建曲廊时为增加趣味性，常刻意设计得曲折逶迤。

□ 复廊

又名"里外廊"，即在双面空廊中间隔一道墙，形成两面各为空廊的形式。中间的隔墙上多有漏窗，可透过漏窗观看对面廊的景物。

◎古代合院式建筑——四合院图示

　　四合院式建筑是我国古代常见的建筑样式，它一般是由四个朝向的房间合围或三个朝向的房间和一面墙合围而成的内院式建筑。北京的四合院在合院式建筑中最为典型。其历史悠久，自元代正式建都时，四合院与胡同此类建筑形制就已出现。明清时期的四合院经历了历史的沧桑变化，但是其基本形制已成型，并得到逐步完善，更加适合居住要求。现今四合院样式由此而来。

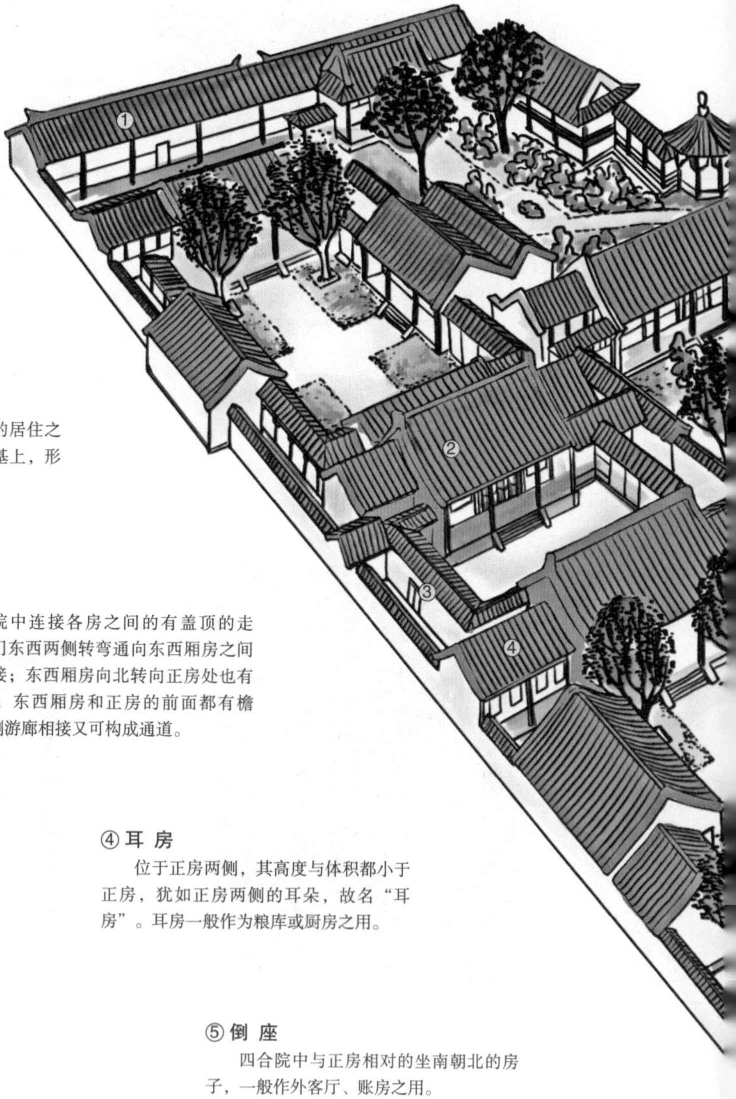

① 后罩房或后军房

　　位于正房后面与正房平行的一排房屋。一般中型以上的四合院才建有此房，主要为未出阁的女子或女佣居住。

② 正 房

　　正房多为长辈居住，是院主人的居住之所，位于北房。建于砖石砌成的台基上，形制比其他房屋要大。

③ 游 廊

　　四合院中连接各房之间的有盖顶的走廊。垂花门东西两侧转弯通向东西厢房之间有游廊相接；东西厢房向北转向正房处也有游廊相接；东西厢房和正房的前面都有檐廊，与两侧游廊相接又可构成通道。

④ 耳 房

　　位于正房两侧，其高度与体积都小于正房，犹如正房两侧的耳朵，故名"耳房"。耳房一般作为粮库或厨房之用。

⑤ 倒 座

　　四合院中与正房相对的坐南朝北的房子，一般作外客厅、账房之用。

⑥ 垂花门

　　四合院中外院与内宅的重要分割线，一般位于外院北侧的正中。门外为客厅、门房、车房马号等所谓的"外院"，门内为起居场所的"内宅"。此门装饰性极强，相当华丽精美。

⑦ 厢　房

　　厢房在等级上低于正房，做工上也稍差，一般为晚辈居住。其位于正房两旁，东厢房位于东侧，坐东朝西，西厢房位于西侧，坐西朝东。因传统民居中，以左为贵，因此东厢房的等级要高于西厢房。

⑧ 私家园林

　　私家园林是中国传统民居的一个组成部分，大户人家只要条件允许，都要在后院或偏院建一个园林。一般园林以土堆假山为主，没有假山的建一两座亭子，或建几间花厅。

⑨ 地面铺设

　　用材多样，有石板、砖、鹅卵石等。有的四合院仅铺设主干道，有的几乎全部铺设。一般都会留有空间以便于树木、花草的种植。

⑩ 照　壁

　　四合院的照壁有的设置于大门迎门处，多为砖制。一般都有花卉、松竹图案或大幅的书法字样放置于照壁正面。

⑪ 门　房

　　即设置于大门内侧的小房，大户人家多有设置，来访之人一般会先经此房的看房之人允许或通报才可进入正门。

⑫ 大　门

　　中国自古就有"坐北朝南"的建房理论，大门位置的选择尤为重要，所谓一门定吉昌。四合院的大门一般开在东南角，即整个建筑的前左角，民间称之为"青龙门"。在风水上，这个位置的布局为坎宅巽门，最吉利。

俱不可解。忌为"卍"字窗旁填板，忌墙角画各色花鸟。古人最重题壁，今即使顾、陆点染，钟王濡笔，俱不如素壁为佳。忌长廊一式，或更互其制，庶不入俗。忌竹木屏及竹篱之属，忌黄白铜为屈戍[3]。庭际不可铺细方砖，为承露台则可。忌两楹而中置一梁，上设叉手笆。此皆旧制，而不甚雅。忌用板隔，隔必以砖。忌梁椽画罗纹及金方胜。如古屋岁久，木色已旧，未免绘饰，必须高手为之。凡入门处，必小委曲，忌太直。斋必三楹，傍更作一室，可置卧榻。面北小庭，不可太广，以北风甚厉也。忌中楹设栏楯，如今拔步床[4]式。忌穴壁[5]为橱，忌以瓦为墙，有作金钱梅花式者，此俱当付之一击。又鸱吻好望[6]，其名最古，今所用者，不知何物，须如古式为之，不则亦仿画中室宇之制。檐瓦不可用粉刷，得栟榈擘为承溜，最雅。否则用竹，不可用木及锡。忌有卷棚，此官府设以听两造者，于人家不知何用。忌用梅花篛[7]。堂帘惟温州湘竹者佳，忌中有花如绣补，忌有字如"寿山"、"福海"之类。总之，随方制象，各有所宜，宁古无时，宁朴无巧，宁俭无俗；至于萧疏雅洁，又本性生，非强作解事者所得轻议矣。

【注释】〔1〕海论：总论。

〔2〕氍毹（qú shū）：毛织的地毯。

〔3〕屈戍：即屈戌，门窗、屏风、橱柜等的组环、搭扣。

〔4〕拔步床：旧时的大床，床前有踏板，踏板上还架设有像小屋一样的装置。

〔5〕穴壁：在墙上设置的空框，用以装物。

〔6〕鸱（chī）吻好望：鸱吻，古书上指建筑屋脊两端的装饰物，状如鸱鸟尾巴；好望，指"鸱吻"像是在屋脊两端瞭望一样。

〔7〕篛（tà）：窗户。

【译文】建造室庐忌用"承尘"，就是俗称的"天花板"，"承尘"只可用在官府中。地板则可以间或用之。暖房不可用竹席，或者用毛毡铺地也可以，但不如细砖铺砌的雅致；南方潮湿，最适宜架空铺设，稍微多些花费而已。

房屋忌讳使用五根立柱，忌讳设两个厢房；前后厅堂，忌采用"工"字形相连接，因为这也和官府的格局相近。休息室可以间或使用这种结构。忌正房旁边没有小巷，庭院比房屋往东，偏得稍宽广些，这样西晒就不会太直接；忌长而窄，矮而宽。

亭子忌上尖下窄，忌小六角形，忌用葫芦，顶忌用茅草覆盖，忌讳像钟鼓楼和城楼的样式。楼梯要从后庭的影壁后面上，忌设置在两旁，地砖铺砌成弯曲的图形就更雅致了。临水的亭台楼榭，可用蓝绢作帷幔，遮挡日光；用紫绢做幔帐，遮挡风雪，除此之外都不可用。尤其忌讳用布质的幔帐，那就如同游船画舫和市井药铺的招幡。

小室忌从中间分隔，如有北窗的，可分为二室，隔墙忌用纸糊、开洞孔，如果那样就与澡堂没有区别了，而普通人家则很喜欢这样，难以理解。

忌在"卍"字窗旁做填板，忌在墙角画各种花鸟。古人偏爱在墙上题诗作画，如今即使让大画家顾恺之、陆探微来作画，大书法家钟繇、王献之来题字，都不如一壁白墙好。

忌所有长廊同一式样，应有所变化，互不相同，且不落俗套。忌竹木屏风及竹编篱笆之类，忌用黄白铜器的铰链搭扣。

庭院地面不可铺砌细方砖，屋顶露台则可以。忌在两根立柱当中的横梁与屋顶脊梁之间镶嵌斜向的支撑木柱。这是旧式做法，不太雅致。忌用木板隔墙，凡是隔墙必须用砖。忌在梁椽上描画回旋花纹和金色方胜图案。如年久老屋，木色已旧，确需绘饰，必须由手艺高超的工匠操作。

凡是进门之处，一定要稍有曲折，不能太直。房屋厅堂要有三根前柱，旁边再附一小室，能置放卧榻。朝北的庭院，不要太大，因为北风猛烈。忌在房屋中间设置栏杆，就像如今的拔步床那样。忌将墙壁开孔充作橱柜，忌用瓦造院墙，有用瓦做成铜钱、梅花图案的，都应全部捣毁。还有屋脊两端的"鸱吻好望"，历史久远，而现在制作的，不知道像什么，要严格按照古时的规制制作，不然也应仿照画中房屋的样式制作。屋檐下的瓦不能用白灰粉刷，用棕榈叶剖开作取水的器具，最富雅趣；或者用竹筒接水，不可用木和锡来制作。忌有拱棚，这是官府问官司所用，对居家人不知有什么用。忌讳做梅花状的窗户。厅堂的帘子，数温州的湘妃竹最佳，忌有镶补的花纹图案，忌有"寿山""福海"之类的字。总之，应根据物品的类别，采用相应的形式，使其各自相宜，宁可古旧不可时髦，宁可拙朴不可工巧，宁可简朴不可媚俗；至于清新雅致的情趣，那本是天性所成，绝非旁人能讲解透彻的。

卷二·花木

　　弄花一岁，看花十日。故帏箔映蔽，铃索护持，非徒富贵容也。第繁花杂木，宜以亩计。乃若庭除槛畔，必以虬枝古干，异种奇名，枝叶扶疏，位置疏密。或水边石际，横偃斜披；或一望成林；或孤枝独秀。草木不可繁杂，随处植之，取其四时不断，皆入图画。又如桃、李不可植于庭除，似宜远望；红梅、绛桃，俱借以点缀林中，不宜多植。梅生山中，有苔藓者，移置药栏，最古。杏花差不耐久，开时多值风雨，仅可作片时玩。蜡梅冬月最不可少。他如豆棚、菜圃，山家风味，固自不恶，然必辟隙地数顷，别为一区，若于庭除种植，便非韵事。更有石磉木柱，架缚精整者，愈入恶道。至于艺兰栽菊，古各有方。时取以课园丁，考职事，亦幽人之务也。

【原文】 弄花一岁，看花十日。故帏箔〔1〕映蔽，铃索〔2〕护持，非徒富贵容也。第繁花杂木，宜以亩计。乃若庭除槛畔，必以虬枝古干，异种奇名，枝叶扶疏，位置疏密。或水边石际，横偃〔3〕斜披〔4〕；或一望成林；或孤枝独秀。草木不可繁杂，随处植之，取其四时不断，皆入图画。又如桃、李不可植于庭除，似宜远望；红梅、绛桃，俱借以点缀林中，不宜多植。梅生山中，有苔藓者，移置药栏，最古。杏花差不耐久，开时多值风雨，仅可作片时玩。蜡梅冬月最不可少。他如豆棚、菜圃，山家风味，固自不恶，然必辟隙地数顷，别为一区，若于庭除种植，便非韵事。更有石磉〔5〕木柱，架缚精整者，愈入恶道。至于艺兰栽菊，古各有方。时取以课园丁，考职事〔6〕，亦幽人之务也。志《花木第二》。

【注释】〔1〕帏：帐幕。箔：帘子。
〔2〕铃索：系铃的绳索。此处指在花木上系以金铃，用来惊吓鸟雀。
〔3〕横偃（yǎn）：横而下卧。偃，仰面倒下。
〔4〕斜披：斜而下披。
〔5〕石磉（sǎng）：柱下石墩。
〔6〕考职事：考核技艺。

【译文】养花一年，赏花十日。所以劳神费力，精心养护，不能只为培育名花珍卉，而应培植各种花木，最好面积大于一亩。如庭院中、栏杆旁，应当是虬枝古干，品种各异，枝叶茂盛，疏密有致。或水畔石旁，横逸斜出；或一望成林；或一枝独秀。草木不可繁杂，随处种植，使其四季更替，景色不断。又如桃、李不可植于庭院，只宜远望；红梅、绛桃，只是林中点缀，不宜多植。梅花生于山中，将其中有苔藓的移植到药栏，最为古雅。杏花花期不长，开花时节，风雨正多，仅可短暂观赏。蜡梅于冬季不可或缺，其他花木就像豆棚、菜园，山家风味，虽然常年都有可观之处，然而定要专辟大片空地种植，使其自成一区，如在庭院种植，便失风雅。更有石磴木柱，搭架绑缚，人为造型的，就更是恶俗不堪了。至于种植兰草、菊花，古时各有其法，现今用以教授园丁、考核技艺，则是幽雅人士之要务。

牡丹 芍药

【原文】牡丹称花王，芍药称花相，俱花中贵裔。栽植赏玩，不可毫涉酸气。用文石为栏，参差数级，以次列种。花时设宴，用木为架，张碧油幔于上，以蔽日色，夜则悬灯以照。忌二种并列，忌置木桶及盆盎中。

【译文】牡丹号称花中之王，芍药号称花中之相，均为花中贵族。栽种赏玩，不可有丝毫寒酸之气。用带纹理的石头做成栏杆，参差排列，依次栽植。花期设置宴会，用

□ 牡 丹

牡丹在中国的栽培历史已有一千四百多年，南北朝时期作为观赏植物出现于多种文献记载中。其性喜光，不喜晒，适宜干燥，可耐低温。生长土壤多选疏松、肥沃，且排水良好的中性沙壤土。一年施三次肥，即开花前半个月、开花后半个月和入冬之前各施一次。

花之韵

牡丹是富贵之花，有"花中之王"的称号，自然是一种王权的象征。

花之色

牡丹花色丰富，分红、紫、粉、白、蓝、黄、绿、黑、复色等，各色牡丹中又因品种的不同而各有颜色分类。

花之姿

牡丹花花大色艳，品种繁多，有单瓣型、荷花型、重瓣楼子型、绣球型等。花朵丰姿肥硕，有雍容华贵之态。

花之香

牡丹之香属清香，花开时节，清香四溢，自古就有"天香"的美誉。"国色朝酣酒，天香夜染衣"，即是唐朝诗人对牡丹的赞誉。

27

□ 芍 药

　　别名"将离""离草"。提及芍药，古人常以之与牡丹相媲，云"花似牡丹而狭"，或"子似牡丹而小"。据考证，芍药在汉时长安就有栽培，而历经朝代更替，隋唐后，以扬州芍药最有名，有"天下名花，洛阳牡丹，广陵（扬州）芍药"之说。其性耐旱，耐寒，喜阳光，喜肥怕涝。应栽植在肥沃疏松、排水良好的土壤中。一年施五次肥，即3月、4月、5月下旬、8月下旬和11月各施一次。

观赏价值

　　芍药花大，色艳，品种丰富，常成片种植。可植于单独的芍药园中，也可植于小径、路旁或林边，可配上低矮的匍匐性的花卉。芍药又可作插瓶或花篮。

药用价值

　　芍药的根含有芍药甙和安息香酸，可药用。中药中的白芍即用芍药栽培的根制成，主要有镇痉、镇痛、通经的功效，可分别与熟地、当归、川芎等配用。

其他价值

　　芍药种子可榨油，以供制造肥皂，也可掺和油漆作涂料；根和叶可提制栲胶，也可用作土农药。

木为架，罩上绿色帷幔，以遮蔽日光，夜晚则挂灯照明。忌牡丹、芍药同排并列，忌置放于木桶及盆钵之中。

玉 兰

【原文】玉兰，宜种厅事前。对列数株，花时如玉圃琼林，最称绝胜。别有一种紫者，名木笔，不堪与玉兰作婢，古人称辛夷，即此花。然辋川辛夷坞、木兰柴不应复名，当是二种。

【译文】 玉兰，适宜种植于厅堂前。排列数株，花开时，一片白洁，如玉圃琼林，堪称绝妙胜景。另外有一种紫色的玉兰，名叫木笔，不配作玉兰的奴婢，古人所称辛夷，就是此花。然而，产于辋川的辛夷坞、木兰柴不是同种异名，应是两个品种。

花之姿

玉兰花外形似莲花，盛开时，花瓣展开散向四方，十分美丽，极具观赏性。

栽培历史

玉兰花在春秋时期已开始种植，《离骚》曾有"朝饮木兰之坠露兮，夕餐菊之落英"的佳句。两千多年的栽培历史，使玉兰花成为庭园中名贵的观赏花木。古时，玉兰花多植于亭、台、楼、阁前。

花之韵

玉兰花象征着一种高洁的气质，它不仅是美化庭院的理想花卉，还暗含有报恩的传统文化寓意。

花之香

玉兰花花香似兰花，纯正悠远的淡雅清香沁人心脾，深受人们喜爱。

花之色

玉兰花以白色为主，偶有粉色与紫色呈现。其花白如玉，盛开时满树洁白，如雪山瑶岛。

□ 玉兰花

又名"白玉兰""望春"等，属落叶乔木，是我国北方早春时节重要的观赏花类。其历史悠久，已有两千多年历史，为古代名贵的园林花木。其花白如玉、花香似兰。在象征意义上，玉兰花代表着报恩，这源于民间三姐妹为解救民间疾苦，触犯龙王被变作花树的故事。其性稍耐阴，成年树则较喜光，喜温暖湿润。适宜富含腐殖质、肥沃、湿润和排水良好的中性和微酸性土壤。每年施肥二次，一次在10~11月，一次在花谢后。

海 棠

【原文】 昌州海棠有香，今不可得；其次西府为上，贴梗次之，垂丝又次之。余以垂丝娇媚，真如妃子醉态，较二种尤胜。木瓜似海棠，故亦称"木瓜海棠"。但木瓜花在叶先，海棠花在叶后，为差别耳！别有一种曰"秋海棠"，性喜阴湿，宜种背阴阶砌，秋花中此为最艳，亦宜多植。

【译文】 昌州有香气的海棠，但现在没有了；其次是西府海棠为上品，再次是贴梗海棠，最次是垂丝海棠。但我认为垂丝海棠娇媚如杨贵妃醉酒之态，比前两种更美。木瓜似海棠，所以也叫"木瓜海棠"。但木瓜是先开花，后长出花叶，而海棠则是先长出嫩叶，后开花，这是二者

□ **海棠花**

　　海棠自古以来便是雅俗共赏的名花，花姿潇洒，花开似锦，素有"花贵妃""花中神仙"之称。宋代文豪陆游以诗句"虽艳无俗姿，太皇真富贵"形容它的艳美高雅。私家园林营造中，海棠常与玉兰、牡丹、桂花相配植，寓意"玉棠富贵"。其性喜光，不耐阴，对寒冷及干旱适应性强，不耐水涝。喜深厚肥沃及疏松的土壤。花前要追施一次至二次肥；花后每隔半月追施一次肥，以使果实丰满，减少落果。

的区别。另有一种叫"秋海棠"，喜欢阴凉湿润，宜种在庭前阶下的背阴之处，秋季花卉中，它是最娇艳的，适合多种。

山　茶

　　【原文】　蜀茶、滇茶俱贵，黄者尤不易得。人家多以配玉兰，以其花同时，而红白烂然，差俗。又有一种名醉杨妃，开向雪中，更自可爱。

　　【译文】　川茶花、滇茶花都很名贵，黄色的更为稀少。寻常人家喜用山茶与玉兰同种，因为二者同期开花，红白相间，鲜艳夺目，但有点俗气。还有一种名叫醉杨妃的山茶花，在雪中开放，更加可爱。

□ 茶 花

茶花颜色艳丽，品种繁多，浅的似脂粉，深的似朱砂；花期较长，严冬也可顶霜傲立；具松柏之骨，挟桃李之姿；园林中可与兰花同种。其性喜半阴环境，不耐寒。中性和碱性壤土均不利其生长。约半月施一次薄肥水。

桃

【原文】 桃为仙木，能制百鬼，种之成林，如入武陵桃源，亦自有致，第非盆盎及庭除物。桃性早实，十年辄枯，故称"短命花"。碧桃、人面桃[1]，差之，较凡桃美，池边宜多植。若桃柳相间，便俗。

【注释】〔1〕人面桃：语出《群芳谱》，一名美人桃，桃粉红千瓣，不实。

【译文】 桃树是仙木，能镇百鬼，种植成林，就像进入武陵桃花源，也很别致，但不是盆钵及庭院种植的树木。桃树的特性是成熟很快，开花结果早，树龄短，十年就枯竭了，所以被称为"短命花"。碧桃、人面桃开花迟一些，但比一般的桃花更美，池塘边可多种一些。如果桃树与柳树相间种植，那样就很俗气了。

□ 桃 花

桃花可以算得上是群花之领袖，百花之色多为红、白两种，而桃花红得最为纯粹，梨花白得最为洁净。时下见到的桃花多为嫁接而得，花色不再纯正，以"桃靥""桃面"形容的天然桃花，也许在乡村篱落间尚能见到。其性喜阳光，耐寒，耐旱，不耐水湿。宜轻壤土，不耐碱土，亦不喜土质过于黏重。每年开花和花后各施一两次液肥。

李

【原文】 桃花如丽姝[1]，歌舞场中，定不可少。李如女道士，宜置烟霞泉石间，但不必多种耳。别有一种名郁李子，更美。

【注释】 〔1〕丽姝：美人。

【译文】 桃花如美女，歌舞场中，必不可少。李花如女道士，宜种植于云雾缭绕的山泉石林之中，但不必多种。还有一种叫郁李子的，更美。

杏

【原文】 杏与朱李[1]、蟠桃[2]皆堪鼎足，花亦柔媚。宜筑一台，杂植数十本。

【注释】 〔1〕朱李：即红李，亦称赤李。
〔2〕蟠桃：桃的一种，果实呈扁圆形。

□ 李

桃李齐名，汉代已有。《史记·李将军列传》载："桃李不言，下自成蹊。"较桃树，李树高大，花开皎洁繁密，花开时节，数蕊盈枝，如琼瑶状成珠玉，月光下，掩映满园，虽无桃花娇媚，却独得冰清风姿。韩愈诗句"江陵城西二月尾，花不见桃惟见李"，就描绘了早春时节李花赛过桃花的景象。其性耐寒，耐热，适应性强，除严寒和干旱沙漠地区外，均有分布。基肥在早秋施用，追肥一般是早、中熟品种在采收后施一次，晚熟品种则在定果后增施一次追肥。

□ 杏 花

　　花色为白色或淡红；果实圆形或长圆形，成熟时为黄红色，味道酸甜；杏仁既可药用也可作食品原料，适宜种植于宽敞的庭院中。其性喜光，耐寒，也能耐高温，耐干旱，极不耐涝。对土壤要求不严。追肥一年三次，花前、果实膨大期和果实采后各一次。

　　【译文】　杏能与朱李、蟠桃媲美，花也娇柔妩媚。可以构筑一个平台，混合种植这三种花木几十株。

梅

　　【原文】　幽人花伴，梅实专房，取苔护藓封，枝稍古者，移植石岩或庭际，最古。另种数亩，花时坐卧其中，令神骨俱清。绿萼更胜，红梅差俗；更有虬枝屈曲，置盆盎中者，极奇。蜡梅磬口为上，荷花次之，九英最下，寒月庭除，亦不可无。

　　【译文】　幽雅之人，以花为伴，而梅花最受宠爱。取附有苔藓、枝干粗大的移植到岩石或庭院间，如此最为古雅。另外种植数亩，花开时，坐卧其间，令人身心清爽。绿萼梅最佳，红梅稍俗；将枝干盘曲的植于盆缸中，特别奇丽。磬口蜡梅是上品，荷花梅稍逊，九英梅最次，然而，寒冬腊月，庭院里也不能没有。

□ 梅

　　梅，又名春梅、红梅，蔷薇科李属，落叶乔木。梅凌寒独放，傲霜斗雪，以暗香盈袖的神韵和素艳高雅的风姿，深为历代文人墨客喜爱，咏梅之作好篇不断。王安石的"遥知不是雪，为有暗香来"，以遮掩姿态描绘梅花，最具韵味。梅为阳性树种，喜阳光充足，不抗旱，又忌水湿。对土壤要求不高，较耐瘠薄。基肥宜在8～9月落叶前早施和重施，并酌量加施化肥。

瑞 香

　　【原文】　相传庐山有比丘昼寝，梦中闻花香，寤而求得之，故名"睡香"。四方奇之，谓"花中祥瑞"，故又名"瑞香"，别名"麝囊"。又有一种金边者，人特重之。枝既粗俗，香复酷烈，能损群花，称为"花贼"，信不虚也。

　　【译文】　相传庐山有个和尚白天睡觉时，睡梦中闻到花香，醒来后找到了这种香气的花，因而得名"睡香"。四周的人都很奇怪，认为它是"花中祥瑞"，所以称之为"瑞香"，又叫"麝囊"。还有一种叫"金边"的睡香，人们特别珍爱。香气浓烈，气盖群芳，称之为"花贼"，确实不假。

园林用途

　　既可植于林间空地、林边道旁，也可在山坡台地或假山阴面种植，散植于岩石间则更增意趣。

花之韵

　　其树姿优美，树冠圆形，枝柔叶厚，树干婆娑。植株约1.5~2米，枝干细长，单叶互生。花簇生于枝顶端，头状花序。

花之色

　　瑞香种类丰富，按花色分有白、红、紫、黄、金黄等。

花之香

　　瑞香之花属浓香，且有"夺花香""花贼"之称。

花之韵

　　瑞香为中国传统名花，寓意"花中祥瑞"。

□ 瑞 香

　　瑞香又名"睡香""蓬莱花"，春季开花，花有紫色、白色、粉红色等，品种多样，香气浓郁，可供观赏。不过《花谱》载此花："一名麝囊，能损花，宜单植"，幸而大多数花的花期与瑞香不同，因此遭到毒害的可能性不大。有种名为"金边"的睡香，利于睡眠，多置于卧室。其性喜半阴和通风环境，惧暴晒，不耐旱，不耐湿。喜疏松肥沃、排水良好的酸性土壤，忌用碱性土。在春、秋两季各施一次肥料。

蔷薇　木香

　　【原文】　尝见人家园林中，必以竹为屏，牵五色蔷薇于上。架木为轩，名"木香棚"。花时杂坐其下，此何异酒食肆中？然二种非屏架不堪植，或移着闺阁，供仕女采掇，差可。别有一种名"黄蔷薇"，最贵，花亦烂漫悦目。更有野外丛生者，名"野蔷薇"，香更浓郁，可比玫瑰。他如宝相、金沙罗、金钵盂、佛见笑、七姊妹、十姊妹、刺桐、月桂等花，姿态相似，种法亦同。

　　【译文】　曾见人家园林里，都用竹编篱笆，上面爬满五色蔷薇。架木为亭子，名叫"木香棚"。花开时节，众人坐在花下，这与在酒楼饭馆有什么不同？但是这两种植物不依附篱笆棚架就不能种植，或许植于闺房，供女子采摘，勉强可行。有一种叫"黄蔷薇"的，最珍贵，花也烂漫悦目。更有野外丛生的，叫"野蔷薇"，香气更加浓郁，与玫瑰相当。其他的如宝相、金沙罗、金钵盂、佛见

象 征

爱情和爱的思念。

花 色

有红、白、粉、黄、紫、黑等颜色，以红色居多。

□ 蔷薇

黄蔷薇与野蔷薇为珍贵品种；在园林中常置于篱笆之下沿架攀缘。其性喜阳光，亦耐半阴，较耐寒。土壤要求不严，耐干旱，耐瘠薄，但栽植在土层深厚、疏松、肥沃湿润而又排水通畅的土壤中则生长更好。每年深秋开沟施一次基肥即可。

笑、七姊妹、十姊妹、刺桐、月桂等品种的蔷薇花，姿态相似，种法也相同。

玫 瑰

【原文】 玫瑰一名"徘徊花"，以结为香囊，芬氲[1]不绝，然实非幽人所宜佩。嫩条丛刺，不甚雅观，花色亦微俗，宜充食品，不宜簪带。吴中有以亩计者，花时获利甚夥[2]。

【注释】 〔1〕芬氲：芬芳的气味。
〔2〕夥（huǒ）：多。

【译文】 玫瑰的别名叫"徘徊花"，用它做成香囊，香气不绝，但实在不适合雅士佩戴。枝叶柔嫩，丛生多刺，不甚雅观，花色也稍显俗气，适合作食品，不宜佩戴。吴中有种植数亩的，花季获利甚丰。

种 类

　　常见的栽培种类有白花紫荆、巨紫荆和加拿大红叶紫荆等几种。

用 途

　　可作观赏植物。树皮花梗可入药；有解毒消肿之功效；种子可制农药；木材可供家具、建筑等用。

□ 紫 荆

　　北方的紫荆，花小而密，先开花后长叶；南方的洋紫荆，花大而艳，深秋时节开花。在古代，紫荆常被用来比拟亲情，象征兄弟和睦、家业兴旺。其性喜光，喜暖热湿润气候，不耐寒；喜酸性肥沃的土壤。每年早春、夏季、秋后各施肥一次。

紫荆　棣棠

【原文】　紫荆枝干枯索，花如缀珇，形色香韵，无一可者，特以京兆一事，为世所述，比嘉木。余谓不如多种棣棠，犹得风人之旨。

【译文】　紫荆枝干少叶，花如耳坠，花形、花色、花香，都无可取之处。只因汉代京兆田真兄弟共分一株紫荆树的故事，经世人所传，而成为名树。我认为不如多种棣棠，还能体味诗人的韵味。

紫薇

【原文】　薇花四种：紫色之外，白色者曰"白薇"，红色者曰"红薇"，紫带蓝色者曰"翠薇"。此花四月开，九月歇，俗称"百日红"。山园植之，可称"耐久朋"。然花但宜远望，北人呼"猴朗达树"，以树无皮，

□ 棣 棠

　　棣棠，又名"清明花""黄度梅"，蔷薇科棣棠属，丛生落叶无刺灌木。叶卵形或卵状椭圆形，边缘有深锯齿，背面微生短茸毛。棣棠花期在四五月份，花色金黄，柔枝垂条，常配植在树下，丛植于路边，还可作花篱或栽在花坛边缘，别具风韵。其性喜阳光充足及温暖、温润的环境，耐寒性较差，但较耐湿。喜肥沃湿润的沙质土壤。生长期每两个月施肥一次。

形态特征

　　小乔木或灌木状；幼枝呈四棱形；叶互生或对生；花序为圆锥状顶生；果实呈椭圆状球形；种子有翅。

用　途

　　为城市绿化的理想树种，可作盆景；种子可作农药；皮、木、花可入药，有活血通经、止痛、消肿、解毒作用。

品　种

　　紫薇花主要有四种：紫红色的叫"紫薇"；火红色叫"赤薇"；紫中透蓝的叫"翠薇"；白色或微带淡黄色的叫"银薇"。

□ 紫薇花

　　紫薇，属落叶灌木或小乔木。树姿优美，树干光滑洁净，花色艳丽，花期较长，有"百日红"之称。宋代诗人杨万里曾作"似痴如醉丽还佳，露压风欺分外斜。谁道花无红百日，紫薇长放半年花"的诗句，赞誉紫薇花的较长花期。性喜阳光充足、温暖湿润的气候，稍耐半阴，抗旱耐涝，耐酷热，也有一定的抗寒力。喜土层深厚肥沃、排水良好的中性轻壤土。可在每年冬季落叶后和春季萌动前施肥。

猴不能捷也。其名亦奇。

　　【译文】　紫薇有四种：除紫色之外，白色的叫"白薇"，红色的叫"红薇"；紫中透蓝的叫"翠薇"。紫薇，四月开花，九月凋谢，俗称"百日红"。野外种植，可称为"耐久朋"。但是，紫薇只宜远观，北方称之为"猴朗达树"，是说紫薇植株光滑，猴子不能攀缘。这个名字也很新奇。

　　石　榴

　　【原文】　石榴，花胜于果，有大红、桃红、淡白三

□ 石榴

　　石榴在中国被视为祥瑞之物，多被视作多子多福的象征。古人称石榴"千房同膜，千子如一"。民间婚嫁之时，会在新房案头或其他的地方放一个切开果皮、露出浆果的石榴，赠送石榴以祝福吉祥如意。常见的有关石榴的吉利画有《榴开百子》《三多》《华封三祝》《多子多福》等。其性喜光，不怕日晒，喜温暖，较耐干旱。pH值在4.5~8.2的地方均可栽培，但土质一般以沙壤土或黏土为宜。可于每年入冬前施一次腐熟的有机肥。

种。千叶者名"饼子榴"，酷烈如火，无实，宜植庭际。

【译文】　石榴，花胜过果实，有大红、桃红、淡白色三种。花瓣繁多的，叫"饼子榴"，花朵怒放，热烈如火，不结果实，适合种于庭院。

芙 蓉

【原文】　芙蓉宜植池岸，临水为佳，若他处植之，绝无丰致。有以靛纸蘸花蕊上，仍裹其尖，花开碧色，以为佳，此甚无谓。

【译文】　芙蓉适宜种植在池塘岸边，靠近水边最佳，如果在别处种植，绝无风致。有人用靛蓝纸蘸花蕊里，还裹住其尖部花开时呈碧蓝色，以为好看，此举毫无意义。

□ 芙 蓉

芙蓉是深秋时节的主要观花品种。其品种丰富，可分红、白、黄、五色芙蓉以及醉芙蓉。适宜种植在水岸，靠近水边最佳。晚秋时虽受重霜但仍丰姿艳丽，有"秋风万里芙蓉国"的赞誉。其性喜温暖湿润的气候，喜阳光，耐热耐旱，性喜近水。适应性较强，适于多种土壤。整个生长期应施二次肥料，即春季叶芽开始萌动前和开始开花之际。

黄兰花

【原文】 黄兰花，一名"越桃"，一名"林兰"，俗名"栀子"，古称"禅友"。出自西域，宜种佛室中。其花不宜近嗅，有微细虫入人鼻孔，斋阁可无种也。

【译文】 黄兰花，也叫"越桃"，又叫"林兰"，俗名"栀子"，古代叫"禅友"。原产西域，宜种植在佛堂里。它的花不宜近闻，因有细虫可吸入人的鼻孔内，内室卧房不可置放。

茉莉 素馨 夜合

【原文】 夏夜最宜多置，风轮一鼓，满室清芬，章江编篱插棘，俱用茉莉。花时，千艘俱集虎丘，故花市初夏最盛。培养得法，亦能隔岁发花，第枝叶非几案物，不若

□ 栀 子

栀子，又名"林兰""木丹""越桃""木横枝"。花色洁白，香气浓郁，是一种很悦目的观赏植物。现在公认栀子花原产于我国南方，汉唐时已广为栽培。它的花、叶、果皆美，花可用来熏茶和提取香料，叶、根可作药用，果还可以制染料。其性喜光，又不能经受强烈阳光照射，喜温暖湿润气候。适宜生长在疏松、肥沃、排水良好、轻黏性酸性土壤中。进入生长旺季四月后，可每半月追肥一次。

形态特征

　　常绿灌木，花呈白色，作下垂状；花香属浓香，夜间香味尤甚。

用　途

　　可配植于公园和庭院，也可作为盆栽观赏，用以点缀客厅和居室。

□ 夜 合

　　夜合花期较长，可从夏季一直开到秋季；适合盆栽，夏季宜半阴，冬季需足光。其性喜温暖湿润和半阴半阳环境，耐阴，怕烈日暴晒。要求肥沃、疏松和排水良好的微酸性土壤。生长期，每隔15天左右追施一次腐熟的饼肥液；花期前停施氮肥，多施磷、钾肥；入冬进室养护不需要施肥。

夜合，可供瓶玩。

　　【译文】　夏夜最适合多搁置一些，夜风一吹，满屋清香，章江一带编篱笆都用茉莉枝条。开花季节，无数船只聚集在虎丘，所以花市在初夏最旺盛。培育得法，还能隔年开花，不过，茉莉的枝叶较多，不宜置放几凳案头，不像夜合，可插于瓶中观赏。

杜 鹃

　　【原文】　花极烂漫，性喜阴畏热，宜置树下阴处。花时，移置几案间。别有一种名"映山红"，宜种石岩之上，又名"山踯躅"。

　　【译文】　杜鹃花开特别烂漫，它喜阴凉怕温热，适宜置放在树下背阴处。开花时，移放到室内几案上。另有一种叫"映山红"的，宜种于野外山坡，它又叫"山踯躅"。

□ **杜 鹃**

　　杜鹃花，又名"映山红""山踯躅""红踯躅"等，西蜀地区中的珍贵品种。其主干直立或呈匍匐状，枝条互生或轮生。此花呈管状，有深红、淡红、玫瑰、紫白等色，它们或在山间野生，或为优良的盆景材料，或为优良的花篱材料，亦可药用、食用。其性喜凉爽、湿润、通风的半阴环境，既怕酷热又怕严寒，土壤以疏松、肥沃、含有丰富的腐殖质的酸性沙质壤土最好。喜肥又忌浓肥，在春秋生长旺季每十天施一次稀薄的饼肥液。另外，无论浇水或施肥时用水均不要直接使用自来水，应酸化处理（加硫酸亚铁或食醋），在pH值达到6左右时再使用。

松

　　【原文】　松、柏古虽并称，然最高贵者，必以松为首。天目最上，然不易种。取栝子松植堂前广庭，或广台之上，不妨对偶。斋中宜植一株，下用文石为台，或太湖石为栏俱可。水仙、兰蕙、萱草之属，杂莳[1]其下。山松宜植土冈之上，龙鳞既成，涛声相应，何减五株九里[2]哉？

　　【注释】　〔1〕莳（shì）：种下。
　　〔2〕五株九里：都是松树的典故，这里指名贵的松树。五株，即"五大夫"。相传秦始皇登泰山，突降暴雨，只得避于五株松树下，后即封其树为"五大夫"。九里，即西湖九里松。《西湖志》："唐刺史袁仁敬守杭，植松以建灵、竺，左右三行，苍翠夹道。"后称此地"九里松"。

叶

松树的叶呈针状，此为松树最明显的特征。松针一般是两针、三针或五针为一束。松针有芳香气味，古代有吃松针、饮松针茶长寿的说法。对松树本身而言，松针起到保护作用。

株 形

松树多为高大挺拔的乔木，对环境的适应性较强，耐干旱、贫瘠，但喜阳光，能在裸露的矿质土壤、砂土、火山灰、钙质土等土壤中生长。

象征意义

松是傲霜斗雪的典范之物，在古代文人心中象征了一种坚贞、高洁的品质。

松 木

松木具有松香味，色呈淡黄，经人工处理后可作家具等材料。

□ 松

属常绿乔木或灌木，多为乔木。古人将其视作吉祥之物，因其冬夏常青，因而被称为"常青之树"。古人爱松，因其具有高洁的品质。历代诗人写下无数诗歌来颂扬松，正是被松树"咬定青山不放松，任尔东西南北风"的高尚气节所打动。其性喜光，耐阴性弱，抗寒性强。可以生长在各种不同的土壤上，能忍耐贫瘠土壤，但种在疏松肥沃土壤上为最佳。松树盆栽一般一年下两次肥，成品树甚至只下秋肥。

【译文】 松、柏，古时虽然并称，但最高贵的，必定是松列为首位。天目山的松树，最好，但不易种植。把栝子松种在堂前庭院，或广台之上，不妨对偶相植。室内也可种一株，下面用文石做成台，或者用太湖石作栏杆，皆可。水仙、兰蕙、萱草之类，种在树下。山松宜植于土坡山冈之上，山松成林之后，松涛阵阵，回荡山谷，哪里亚于五株、九里的雄壮呢？

木 槿

【原文】 花中最贱，然古称"舜华"，其名最远，又称"朝菌"。编篱野岸，不妨间植，必称林园佳友，未之敢许也。

【译文】 木槿是花中最贱的品种，但古代名叫"舜华"，名声久远，又叫"朝菌"。篱笆及野外的水边，不妨种一些，一定称得上"园林好友"，其他的花我就不敢认同了。

桂

【原文】 丛桂开时，真称"香窟"，宜辟地二亩，取各种并植，结亭其中，不得颜以"天香""小山"等语，更勿以他树杂之。树下地平如掌，洁不容唾，花落地，即取以充食品。

【译文】 成片桂花盛开时，真称得上是"香窟"。宜选地二亩，种上各种桂树，在里面建一亭子，不要用"天香""小山"等命名，更不要种植其他树在里面。树下收

□ 木槿

木槿，别名"白饭花""篱障花""鸡肉花"，为锦葵科木槿属落叶灌木或小乔木。木槿种植多的地方，常用木槿做绿篱，以槿篱做围墙，年年编织，坚固美观，别具风格。不过，木槿花朝开暮落，一生苦短。其性喜阳光也能耐半阴，耐寒，不耐旱。对土壤要求不严，较耐瘠薄，能在黏重或碱性土壤中生长。春季萌芽前施肥一次，开花期，施磷肥两次。

□ 桂

桂，属木犀科常绿乔木。其终年常绿，花期正值仲秋，有"独占三秋压群芳"的美誉。在园林中，桂花常孤植或对植，也可成丛成片的栽植。桂花可谓是一种集绿、美、香三者为一体的园林树种，小型的盆栽桂花也很受欢迎。

功 用

桂花不仅可作观赏植物，而且可食用，其芳香持久，可制作糕点、糖果、酿酒。桂花味辛，也可入药，有化痰、止咳、生津、止牙痛等功效。

品 种

金桂，花色金黄，味浓，叶厚；银桂，花色白微黄，味浓，叶薄；丹桂，花色橙黄，味适中，叶厚；四季桂，花色稍白或微黄，味淡，叶薄。

形态特征

常绿灌木或小乔木，枝叶茂盛，树冠呈圆头形、半圆形、椭圆形，花序簇生于叶腋。

□ 柳 树

　　柳树枝条柔韧，叶片细长，极易生长，却不易种植，适宜种于池塘水边。柳树之中又以柳条细长者为佳，微风吹过，摇曳多姿。

拾得像手掌一样平整，洁净得不容唾液溅落，桂花落到地上，就可用作食品。

柳

　　【原文】 顺插为杨，倒插为柳，更须临池种之。柔条拂水，弄绿搓黄，大有逸致；且其种不生虫，更可贵也。西湖柳亦佳，颇涉脂粉气。白杨、风杨，俱不入品。

　　【译文】 枝叶朝上的是杨树，枝叶下垂的是柳树，柳树最好种在池塘旁边。柔枝轻拂水面，绿叶黄芽相映，颇具闲情逸致；而且柳树不生虫，更是可贵。西湖柳也很好，颇有女子风韵。白杨、风杨，都不入品。

黄 杨

　　【原文】 黄杨未必厄闰，然实难长，长丈余者，绿叶古株，最可爱玩，不宜植盆盎中。

□ **黄杨**

　　黄杨因其生长缓慢，寿命长，叶子四季常青，耐于修剪，而常被制作成盆景或作为园林装饰，它的木质因坚固、易造型，常被制作成工艺品。

　　【译文】　黄杨，不一定闰年不长，但确实难长高。一丈多高的，绿叶粗干，最宜赏玩，不宜植于盆钵中。

槐　榆

　　【原文】　宜植门庭，板扉绿映，真如翠幄。槐有一种天然樛屈，枝叶皆倒垂蒙密，名"盘槐"，亦可观。他如石楠、冬青、杉、柏，皆丘垅间物，非园林所尚也。

　　【译文】　槐、榆适合种在门庭，门户绿叶掩映，恰如青翠幕帐。有一种自然下弯，枝叶倒垂茂密的槐树，叫"盘槐"，也还好看。其他如石楠、冬青、杉、柏，都属于墓地种植的树木，不适合园林种植。

梧　桐

　　【原文】　青桐有佳荫，株绿如翠玉，宜种广庭中。当日令人洗拭，且取枝梗如画者，若直上而旁无他枝，如拳如盖，及生棉者，皆所不取，其子亦可点茶。生于山冈者曰"冈桐"，子可作油。

□ **榆　树**

　　庭院中所植树木，有树荫的莫过于榆树和槐树。因此古人眼中，榆树、槐树是最好的行道树、庭荫树。槐树原产中国，为区别产于北美的刺槐（洋槐），也称为"国槐""家槐"；至于榆，早春能开花，结榆钱。关于榆，最有趣的俗语莫过于"榆木疙瘩"，先不考究词语来源，仔细想来，堂前后院，种株老榆槐，闲暇之余，观其潇潇仁立身姿，也是雅事。

□ **槐 树**

槐和榆均适合置于门庭，可使门户绿叶掩映，恰如青翠的幕帐。有一种自然下弯、树叶倒垂、长势茂密的槐树，叫作"盘槐"，最宜种植。

【译文】 梧桐植株高大，枝叶繁茂，青翠如玉，遮阴蔽日，适宜种植在宽敞的庭院之中。选取枝梗形态好看的，每天清洗擦拭，使其美观如画。树干光秃，枝叶稀少，像拳头，如伞盖一样以及生有飞絮的，都不可用。梧桐的种子可以用来沏茶。生在山冈上的叫"冈桐"，桐子可榨油。

椿

【原文】 椿树高耸而枝叶疏，与樗不异，香曰"椿"，臭曰"樗"(chū)。圃中沿墙，宜多植以供食。

【译文】 椿树高耸且枝叶稀疏，与樗没有差别，香的叫"椿"，臭的叫"樗"，即臭椿。园子沿墙处，可多种一些（香椿）供食用。

□ **臭 椿**

椿有香臭之别，两者都属落叶乔木，香椿味美能吃，臭椿不可以吃。古书上有"上古有大椿者，以八千岁为春，八千岁为秋"的文字记载，故人们常用椿形容高龄，也用来代父亲。

□ 银杏

　　属落叶大乔木，是世界上最古老的树种之一。银杏生长历史悠久，分布广泛，经济价值极高。木材可作建材或雕刻工艺品原料，外种皮可提取栲胶，种仁可食用，且种和叶均可入药。

银杏

【原文】　银杏株叶扶疏，新绿时最可爱。吴中刹宇，及旧家名园，大有合抱者，新植似不必。

【译文】　银杏枝叶扶疏，刚长新叶时，最好看。吴地的寺院及旧时大家名园里，有合抱之大的银杏，可不必新种。

乌臼

【原文】　秋晚，叶红得可爱，较枫树更耐久，茂林中有一株两株，不减石径寒山也。

【译文】　深秋的乌臼，叶红可爱，比枫树更耐久，茂密树林里，有一二株，不亚于杜牧诗中的霜叶。

竹

【原文】　种竹宜筑土为垅，环水为溪，小桥斜渡，陟级而登，上留平台，以供坐卧，科头[1]散发，俨如万竹林中人也。否则辟地数亩，尽去杂树，四周石垒令稍

□ 乌臼

乌臼，俗称"臼仔""杼树""桠白""琼仔树"，这种植物十分有趣，秋、冬季节叶由绿转红，极具观赏价值。在古代文学诗句中也留有形象，《乐府诗》中有"日暮伯劳飞，风吹乌臼树"的文字，《齐民要术》中则有"荆扬有乌臼，其实如鸡头，迮之如胡麻子，其汁味如猪脂"的记载，看来古代早已对乌臼有所栽培和研究。

高，以石柱朱栏围之，竹下不留纤尘片叶，可席地而坐，或留石台石凳之属。竹取长枝巨干，以毛竹为第一，然宜山不宜城；城中则护基笋最佳，竹不甚雅。粉筋斑紫，四种俱可，燕竹最下。慈姥竹即桃枝竹，不入品。又有木竹、黄菰竹、箬竹、方竹、黄金间碧玉、观音、凤尾、金银诸竹。忌种花栏之上，及庭中平植；一带墙头，直立数竿。至如小竹丛生，曰潇湘竹，宜于石岩小池之畔，留植数株，亦有幽致。种竹有"疏种""密种""浅种""深种"之法；疏种谓"三四尺地方种一窠，欲其土虚行鞭"；密种谓"竹种虽疏，然每窠却种四五竿，欲其根密"；浅种谓"种时入土不深"；深种谓"入土虽不深，上以田泥壅之"，如法，无不茂盛。又棕竹三等：曰筋头，曰短柄，二种枝短叶垂，堪植盆盎；曰朴竹，节稀叶硬，全欠温雅，但可作扇骨料及画义柄耳。

【注释】 〔1〕科头：没戴帽子。

【译文】 竹子适宜栽种在用土垒筑的高台上，四周引水成为溪流，置小桥渡溪，然后拾级而上，上面留平台供人坐卧，披头散发，置身其间，俨然林中仙人。或者，专门辟地数亩，除去杂树，四周垒些石头，使其稍高，用石柱木栏围起来，竹林下不留一点尘土、一片落叶，可以席地而坐，或者安置一些石台、石凳供人使用。要选取高大的竹子，毛竹为首选，但毛竹只适合山野而不宜城里栽种；城里种护基竹最好，只是稍嫌不雅。粉竹、筋竹、斑竹、紫竹，这四种都可以，燕竹最差。慈姥竹即桃枝竹，不入品，还有木竹、黄菰竹、箬竹、方竹、黄金间碧玉、观音、凤尾、金银等竹。竹，忌种在花栏之上，以及在庭院平地中种植；或者沿着院墙，直立一排。像小竹丛生的潇湘竹，可在石岩小池旁栽植几株，也还清幽。种竹有"疏种""密种""浅种""深种"四种方法；疏种："隔三四尺种一窠，空出地方让根延伸"；密种："虽然种得稀疏，但每窠却种有四五株"；浅种："种植时，入土不深"；深种："入土虽然不深，但根上培有泥土"。照此四法种植，没有长得不茂盛的。还有棕榈竹分为三等：筋头、短柄这二种枝短叶垂，可植于盆中；朴竹，节稀而叶硬，完全缺乏温雅，但可作扇子的筋骨和画轴。

菊

【原文】 吴中菊盛时，好事家必取数百本，五色相间，高下次列，以供赏玩，此以夸富贵容则可。若真能赏花者，必觅异种，用古盆盎植一枝两枝，茎挺而秀，叶密而肥，至花发时，置几榻间，坐卧把玩，乃为得花之性情。甘菊惟荡口有一种，枝曲如偃盖，花密如铺锦者，最奇，余仅可收花以供服食。野菊，宜着篱落间。菊有六要二防之法：谓胎养、土宜、扶植、雨旸[1]、修葺、灌溉，防虫，及雀作窠时，必来摘叶，此皆园丁所宜知，又非吾辈事也。至如瓦料盆及合两瓦为盆者，不如无花为愈矣。

【注释】 〔1〕旸（yáng）：晴朗。

【译文】 吴地菊花盛开之时，附庸风雅者定会采集几百株，五颜六色，高低排列，以供赏玩，这只能用来炫耀富贵而已。若是真正会赏花的人，一定要寻觅独特品种，用古色盆盂种一二株，茎干挺拔，枝叶茂密，等到花开时，置于几案卧榻间，坐卧把玩，这样才能体味花之品性情致。无锡荡口特有的一种甘菊，枝干弯曲如伞盖，花密

□ 菊 花

菊花，在我国已有三千年的栽培历史，最早的文字记载见于《尔雅》。汉代，已有家栽菊花；晋时，菊花已广置于庭院；南北朝时，菊花开始药用；唐代培育出黄、紫、白三色菊花，并传播到国外。宋时，菊花栽培达到高峰，从地栽发展出了盆栽。元时，出现了《菊谱》《百集菊谱》等写菊专著。其性喜凉爽，较耐寒，忌积涝，耐旱。喜地势高、土层深厚、富含腐殖质、疏松肥沃、排水良好的壤土。根据不同地区、栽培类型和土壤条件来施肥，总的原则是在了解菊花对各种营养成分的需求量且营养不会过剩或欠缺的前提下，尽可能满足其需要。

形 态

茎叶呈嫩绿或褐色，单叶互生，叶呈卵圆至长圆形，边缘有锯齿状。花为头状花序顶生或腋生，常常一朵或数朵簇生。

颜 色

按花形，菊花可分舌状花与筒状花，舌状花色彩可分红、黄、白、墨、紫、绿、橙等；筒状花可发展为托桂瓣，花色可分红、黄、白、紫、粉、复色等。

功 用

菊花有较高的观赏价值，自古就有菊花会等赏菊形式；在药用功效上，菊花可治头晕、头痛、耳鸣、目眩等，常用作枕头的填充物，用菊花泡茶不仅解渴还可抗毒、养肝明目；菊花也可食用，提取菊花中的有效成分，制成菊花晶等饮料。

如铺陈锦缎，十分奇特，其余的甘菊只能采集花朵用作饮料。野菊适合种在篱笆间。种菊有"六要""二防"之法，六要即六道工艺要求：育苗培养、土壤适宜、培植扶持、雨露阳光、修枝整株、浇水施肥；二防即防止病虫害，防止雀鸟啄衔枝叶做窝。这些都是花工园丁应当了解的，而不是我等做的事。至于用瓦料盆钵以及用两块瓦合拢作花盆的，还不如不养花更好。

兰

【原文】 兰出自闽中者为上，叶如剑芒，花高于叶，《离骚》所谓"秋兰兮青青，绿叶兮紫茎"者是也。次则赣州者亦佳，此俱山斋所不可少，然每处仅可植一盆，多则类虎丘花市。盆盎须觅龙泉、均州、内府、供春绝大者，忌用花缸、牛腿诸俗制。四时培植，春日叶芽已发，盆土已肥，不可沃肥水，常以尘帚拂拭其叶，勿令坐垢；夏日花开叶嫩，勿以手摇动，待其长茂，然后拂拭；秋则微拨开根土，以米泔水少许注根下，勿渍污叶上；冬则安顿向阳暖室，天晴无风舁出[1]，时时以盆转动，四面令匀，午后即收入，勿令霜雪侵之。若叶黑无花，则阴多故也。治蚁虱，惟以大盆或缸盛水，浸逼花盆，则蚁自去。又治叶虱如白点，以水一盆，滴香油少许于内，用棉蘸水拂拭，亦自去矣，此艺兰简便法也。又有一种出杭州者，曰"杭兰"；出阳羡山中者，名"兴兰"；一干数花者曰"蕙"，此皆可移植石岩之下，须得彼中原土，则岁岁发花。"珍珠""风兰"，俱不入品。箬兰，其叶如箬，似兰无馨，草花奇种。金粟兰名"赛兰"，香特甚。

【注释】 〔1〕舁（yú）出：抬出去。

【译文】 福建出产的兰是最佳品种，叶如利剑，花高于叶，《离骚》中描写的"秋兰兮青青，绿叶兮紫茎"，就是这种兰花。其次，江西赣州的兰花也很好，这种兰，

□ 兰

兰花最初生在幽谷中，后来人们开始在宫廷养兰。魏晋之后，兰花才从宫廷栽培走进了士大夫阶层的私家园林。兰与竹、菊一样，有"兰格"，即孤芳自赏。孔子曾言"芝兰生幽谷，不以无人而不芳，君子修道立德，不为穷困而改节"，这些品质与古代士大夫修身养性是密切相关的，因此文人嗜兰亦在情理之中。其性喜阴，忌阳光直射，喜湿润，忌干燥。喜肥沃、富含大量腐殖质、排水良好、微酸性的沙质壤土。在生长期，每半月施一次腐熟肥，炎夏气温过高时（超过32℃）不宜施肥。

山斋不可少，但每处只可种一盆，多了，就像虎丘的花市。盆钵要挑选龙泉、均州、内府、供春等名窑出产的最大号，忌用粗糙的土钵瓦缸。四季培植，到春天发芽后，盆土养分已经足够，不能再施肥，经常擦拭叶子，不能积存灰尘脏物；夏季花开叶子娇嫩，不要用手摇动，待长厚实后，再擦拭；秋季则轻轻松土，然后往根下浇灌少许淘米水，不要溅洒在叶上；冬季则安放到向阳暖和的室内，无风的晴天就搬到室外，晒太阳，不时转动花盆，让它四面接收阳光，午后即搬回室内，不要受到霜雪侵袭。如果叶子发黑不开花，是光照太少的缘故。治蚂蚁和叶虱，用大盆或缸盛水，把花盆浸入水中，蚂蚁会自己跑走；治叶虱，在一盆水中滴进少许香油，用棉花蘸水擦拭，叶虱也会自己跑走。这些都是种植兰花的简便方法。有一种杭州产的，叫"杭兰"；阳羡山中产的，叫"兴兰"；一株开有很多花的，叫"蕙"，这些都可移植在石岩之下，只要生长在它原生的山野之地，就会年年开花。"珍珠""风兰"，都不入品。箬兰，叶子如竹叶，似兰而无香，是奇特的花草。金粟兰，又叫"赛兰"，特别香。

葵 花

【原文】 葵花种类莫定，初夏，花繁叶茂，最为可观。一曰"戎葵"，奇态百出，宜种旷处；一曰"锦葵"，其小如钱，文采可玩，宜种阶除；一曰"向日"，别名"西番葵"，最恶。秋时一种，叶如龙爪，花作鹅黄者，名"秋葵"，最佳。

【译文】 葵花的种类不定，初夏，花繁叶茂，最为可观。一种叫"戎葵"，千姿百态，宜种空旷之地；一种叫"锦葵"，小如铜钱，色彩斑斓，宜种庭前石阶；一种叫"向日葵"，别名"西番葵"，最差；秋季有一种，叶如龙爪，花冠鹅黄色，叫"秋葵"，最佳。

锦 葵

一年生或多年生草本植物，夏季开淡紫色或白色花，小如铜钱，色彩斑斓，适宜种植在庭前石阶旁，供观赏。

蜀 葵

亦称"胡葵""吴葵""一丈红"。多年生草本植物，花有红、紫、白、粉等色，根可入药。

□ 葵

葵是百花中最容易栽种的，它的品种颇多，有蜀葵、秋葵、向日葵等多种。其性喜温，耐寒，喜光，对温度适应性强，喜湿润。对土壤要求不高，在各类土壤上均能生长。以有机肥拌入培土最佳，除此之外亦可视植株状况追加化学肥料。

罂 粟

【原文】 以重台千叶者为佳，然单叶者子必满，取供清味亦不恶，药栏中不可缺此一种。

【译文】 罂粟以花瓣多重繁复的为佳品，但单叶花瓣的，种子一定多，用来做清淡的菜肴也很不错，种药的园子里不可缺少它。

萱 草

【原文】 萱草忘忧，亦名"宜男"，更可供食品，岩间墙角，最宜此种。又有金萱，色淡黄，香甚烈，义兴山谷遍满，吴中甚少。他如紫白蛱蝶、春罗、秋罗、鹿葱、洛阳、石竹，皆此花之附庸也。

□ 米囊花

米囊花即罂粟花，因罂粟又名"米囊子"而得名。古人吟咏罂粟多从其"米囊花"之名而起。《本草纲目》曾载："罂粟秋种冬生，嫩苗作蔬食甚佳。叶如白苣，三四月抽苔结青苞，花开则苞脱。花凡四瓣，大如仰盏，罂在花中，须蕊裹之。"

□ 玉簪

　　玉簪花，别名"白萼""白鹤"，多年生草本植物。叶呈卵状心脏形，丛生，秋日开白色花朵或略带紫色。据《群芳谱》载，汉武帝宠妃李夫人，常取玉簪搔头，一时宫人皆仿效，玉簪花由此得名。其性强健，耐寒冷，性喜阴湿环境，不耐强烈日光照射。要求土层深厚，排水良好且肥沃的沙质壤土。对肥水要求较多，最怕乱施肥、施浓肥和偏施氮、磷、钾肥，要求遵循"淡肥勤施、量少次多、营养齐全"和"间干间湿，干要干透，不干不浇，浇就浇透"的两个施肥原则，并且在施肥过后，晚上要保持叶片和花朵干燥。

□ 萱草

　　萱草别名较多，又名"谖草""金针""黄花菜"等，即人们常说的"忘忧草"。早在《诗经·卫风·伯兮》中就有记载："焉得谖草，言树之背。"《博物志》也载："萱草，食之令人好欢乐，忘忧思，故日忘忧草。"萱草可入药，能够消烦恼解忧愁，古代许多文人都曾赞美过萱草。"杜康能解闷，萱草能忘忧"，"莫道农家无宝玉，遍地黄花是金针"都是对萱草的赞美。其性强健，耐寒，适应性强，喜湿润也耐旱，喜阳光又耐半阴。对土壤选择性不强，但以富含腐殖质，排水良好的湿润土壤为宜。生长期中每2～3周施追肥一次，入冬前施熟肥一次。

【译文】　萱草又名"忘忧"，也叫"宜男"，可作食品，岩间墙角，最宜种植。还有金萱，花色淡黄，香气浓郁，义兴一带，长得满山遍野，吴地很少。其他如紫白蛱蝶、春罗、秋罗、鹿葱、洛阳花、石竹，都是这种花的附庸。

玉簪

【原文】　洁白如玉，有微香，秋花中亦不恶。但宜墙边连种一带，花吋一望成雪，若植盆石中，最俗。紫者名紫萼，不佳。

【译文】　玉簪，洁白如玉，有微香，在秋季花中也算不错的。但只适合沿着墙边栽一片，开花时，一眼望去像一片白雪。如植于盆中，就很俗。紫色的玉簪叫"紫

□ 金 钱

　　金钱午时开花，子时凋落，所以又名"子午花"。花开在夏秋季节，呈金黄色，花朵圆而覆下，中央呈筒状，形如铜钱。因茎枝脆弱，长到一尺多高后，应用竹支撑，以防倾斜。此花适宜种在石畔。其性不耐寒，喜高温、向阳和湿度较大的环境。不择土质，抗逆性强。幼苗至开花之间施肥两次。

萼"，不好看。

金 钱

【原文】　午开子落，故名"子午花"。长过尺许，扶以竹箭，乃不倾欹。种石畔可观。

【译文】　金钱，午时开花，子时谢落，所以名叫"子午花"。长到一尺多高后，用竹扦子支撑，就不会倾斜。种于石畔，尚可观赏。

藕 花

【原文】　藕花池塘最胜，或种五色官缸，供庭除赏玩犹可。缸上忌设小朱栏。花亦当取异种，如并头、重台、品字、四面观音、碧莲、金边等乃佳。白者藕胜，红者房胜。不可种七石酒缸及花缸内。

【译文】　藕花植于池塘，最美，或者植于彩色官窑瓷

□ **荷 花**

　　荷花又名"莲花"，生于碧波之中，开于炎夏之时，如出水芙蓉，清香
远溢。其茎中通外直，花、叶多姿，迎骄阳而不惧，出污泥而不染。荷以其清
新的姿态，受到历代文人赞誉。其性喜光；生长前期只需浅水，中期满水，后
期少水。荷花喜肥，但施肥过多会烧苗，因而要薄肥勤施。

缸，供庭院赏玩，也可。缸上忌设朱红小栏杆。花也应选
特别的品种，如并头、重台、品字、四面观音、碧莲、金
边等就很好。开白花的，藕大；开红花的，花托大。不可
种植在能装七石酒的大缸和瓦缸里。

水 仙

【原文】　水仙二种，花高叶短，单瓣者佳。冬月宜
多植，但其性不耐寒，取极佳者移盆盎，置几案间。次
者杂植松竹之下，或古梅奇石间，更雅。冯夷[1]服花八
石，得为水仙，其名最雅，六朝人乃呼为"雅蒜"，大可
轩渠[2]。

【注释】　〔1〕冯夷：泛指水神。
　　　　　〔2〕轩渠：形容笑的样子。

【译文】　水仙有二种，花高叶短，单瓣水仙最好。适
合冬季种植，但不耐寒，选取特别好的移植在盆中，置于

□ 水 仙

水仙属石蒜科水仙属植物，在我国已有一千多年栽培历史，是古代文人室内陈设的盆花之一。水仙别称甚多，有"凌波仙子""玉玲珑""金银台""姚女花""女史花""天葱""雅蒜"等。关于水仙还有一段美丽传说，据传水仙是舜帝妃子娥皇、女英的化身，舜南巡驾崩，二人双双殉情湘江，上天怜悯他们，将其化为江边水仙。其性喜光、温暖，要求空气湿度大，不甚耐寒怕炎热。营养生长期需要湿润而又不积水的沙质的土壤。养水仙不需任何花肥，只用清水即可。

几案之上。其余较差的，间种在松树竹林之下，或者种于梅花怪石之间，更雅。水神河伯服用了八石这种花，因此得名水仙，这名字很雅致，而六朝人叫作"雅蒜"，颇为可笑。

凤 仙

【原文】 凤仙，号"金凤花"，宋避李后讳，改为"好儿女花"。其种易生，花叶俱无可观。更有以五色种子同纳竹筒，花开五色，以为奇，甚无谓。花红，能染指甲，然亦非美人所宜。

【译文】 凤仙，别号"金凤花"，宋代避宋光宗李后讳，改为"好儿女花"。凤仙容易生长，花、叶都不可取。有人将各色种子一起装在竹筒中，开出五彩花朵，认

□ 凤 仙

凤仙，又称"指甲花"，一年生草本植物，夏季开花，花大，颜色红、白、粉红各有。李渔在《闲情偶寄》中，这样评它"凤仙，极贱之花，此宜点缀篱落"，这样评价好像有失客观，但赏花、爱花、品花本就是以个人情趣爱好而言的。其性喜光，怕湿，耐热不耐寒。适生于疏松、肥沃、微酸的土壤中，但也耐瘠薄。定植后施肥要勤，特别注意不可忽干忽湿。

□ 鸡冠花

鸡冠花，一年生草本植物，因花序酷似鸡冠而得名。此花在我国栽培历史很早，也很普遍，乡间小路，堂前屋后，随处可见。鸡冠花另有别名"后庭花"，后主李煜艳曲中的"玉树后庭花"，就指的鸡冠。民间还称之"洗手花"，人们在中元节前后常采它祭祖。其性喜阳光充足、湿热，不耐霜冻，不耐瘠薄，喜疏松肥沃和排水良好的土壤。生长后期加施磷肥，在种子成熟阶段宜少浇肥水。

为新奇好看，其实毫无意义。花为红色，能染指甲，但也不适合淑女。

秋 色

【原文】 吴中称鸡冠、雁来红、十样锦之属，名"秋色"。秋深，杂彩烂然，俱堪点缀。然仅可植广庭，若幽窗多种，便觉芜杂。鸡冠有矮脚者，种亦奇。

【译文】 吴地称鸡冠、雁来红、十样锦等为"秋色"。因为一到深秋，这些花色彩斑斓，热烈耀眼，只可植于宽广庭园，如在窗下多种，就显得芜杂。有一种很矮小的鸡冠花，也很奇特。

芭 蕉

【原文】 绿窗分映，但取短者为佳，盖高则叶为风所碎耳。冬月有去梗以稻草覆之者，过三年，即生花结甘露，亦甚不必。又有作盆玩者，更可笑。不如棕榈为雅，且为麈尾蒲团，更适用也。

【译文】 芭蕉，宜植于窗下，绿色映但以稍矮小的为好，因为高大的叶子容易被风刮碎。有人在冬季砍掉梗茎，用稻草覆盖起来，过了三年，就长出含有露水的花蕾，称为"甘露"，其实没有意义。还有制成盆景的，更可笑。芭蕉不如棕榈雅致，用来做拂尘、蒲团，更实用。

瓶 花

【原文】 堂供必高瓶大枝，方快人意。忌繁杂如缚，忌花瘦于瓶，忌香、烟、灯煤熏触，忌油手拈弄，忌井水贮瓶，味咸不宜于花，忌以插花水入口，梅花、秋海棠二种，其毒尤甚。冬月入硫黄于瓶中，则不冻。

【译文】 陈列在厅堂的瓶花，一定要高瓶大枝才赏心悦目。忌繁杂纷乱，忌花小瓶空，忌香烟灯火熏染，忌油手玩弄，忌瓶里装井水，因盐碱水不宜养花，忌将插花瓶里的水误入口中，梅花、秋海棠两种花的毒性特别大。冬季，在花瓶中加入一些硫黄，水就不会结冰。

盆 玩

【原文】 盆玩，时尚以列几案间者为第一，列庭榭中者次之，余持论则反是。最古者以天目松为第一，高不过二尺，短不过尺许，其本如臂，其针若簇，结为马远之"欹斜诘屈"，郭熙之"露顶张拳"，刘松年之"偃亚层叠"，盛子昭之"拖拽轩翥"等状，栽以佳器，槎牙[1]可观。又有古梅，苍藓鳞皴，苔须垂满，含花吐叶，历久不败者，亦古。若如时尚作沉香片者，甚无谓。盖木

□ 瓶 花

　　古人爱花，常在厅堂或书房布置一件花瓶插上鲜花。所选花的种类及大小都有讲究，因为古人插花并不仅作欣赏，而是更重视人与花的关系，主人常将自身融入花木之中。置于厅堂的花要采用高瓶大枝干，才显大气；置于书房的花则要精巧雅致。

片生花。有何趣味？真所谓以"耳食"[2]者矣。又有枸杞及水冬青、野榆、桧柏之属，根若龙蛇，不露束缚锯截痕者，俱高品也。其次则闽之水竹，杭之虎刺，尚在雅俗间。乃若菖蒲九节，神仙所珍，见石则细，见土则粗，极难培养。吴人洗根浇水，竹剪修净，谓朝取叶间垂露，可以润眼，意极珍之。余谓此宜以石子铺一小庭，遍种其上，雨过青翠，自然生香；若盆中栽植，列几案间，殊为无谓，此与蟠桃、双果之类，俱未敢随俗作好也。他如春之兰蕙；夏之夜合、黄香萱、夹竹桃花；秋之黄密矮菊；冬之短叶水仙及美人蕉诸种，俱可随时供玩。盆以青绿古铜、白定、官哥等窑为第一，新制者五色内窑及供春粗料可用，余不入品。盆宜圆，不宜方，尤忌长狭。

◎盆景石与盆景树木

中国盆景主要分为以植物为主要造型材料的树木盆景，以及以山石为主要造型材料的山水盆景两大类。如此分类，在宋代已逐渐形成。而再向下细分，树木盆景又涵盖花、草、木、竹盆景；山石盆景则涵盖以山石为主体，配以植物、人物、亭榭、舟楫等内容的盆景。

造 景

盆景石的表现形式多样，或群峰屹立，或悬崖绝壁，或回旋曲折，或玲珑剔透，作者应确定一种形式，按景致特点掇叠。

形 式

以石为主，即盆景中石是主体，或配以少量植物，或单独成景；以石补缺，即以植物为主，以石补填植株不足之处；以石伴树，即以石衬托植物，使画面更加丰富、完整。

立 意

在掇叠盆景石之前，应该规划好盆景需表达的主题，所选主题必要易于表达，意蕴必定回味无穷，构思必须巧妙，以此主题为中心，再展开其他工作。

盆景石

择 盆

好的景盆不但可以将掇景者的意图表现得淋漓尽致，更可以锦上添花。所以，选择景盆的时候不但要看盆的形致、大小、颜色、质地等，更重要的是要注意与所叠之景是否相宜。

选 石

掇叠盆景要选好石，或一石成景，或多石层叠。选择盆景石时，要掌握"宜、巧、稳、吻"四点。宜指石的大小、形状、质地都要适宜，石太大则树显小，石太小又不能充分表现石之美，石形要与植物姿态相统一，不能让观赏者觉得过于突兀，一个盆里的几块石，质地最好一致；巧指石头叠放要巧妙，要根据树的运势来设置，起画龙点睛的作用；稳指放石要稳固，不能触之即坏；吻指石与树的摆放要有吻合性，石与树根、树干的线条都要吻合，使其浑然一体。

花盆选择

　　制作盆景对花盆有一定要求，主要体现在以下几个方面：色彩要协调、款式要吻合、大小要适度、深浅要恰当、质地要适宜。一般松柏类的盆景适宜用紫砂陶盆，杂木类的则适宜用釉陶盆。

造型手法

　　此盆景采取临水式造型，主干斜立，枝叶倾出，重心外移。不似柳树般下垂，但宛如岸旁、池边、山涧的临水之木。

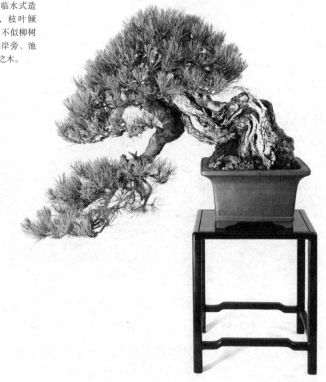

盆景树木

石以灵璧、英石、西山佐之，余亦不入品。斋中亦仅可置一二盆，不可多列。小者忌架于朱几，大者忌置于官砖，得旧石凳或古石莲磉为座，乃佳。

【注释】 〔1〕槎（chá）牙：树木枝丫出貌。
〔2〕耳食：道听途说。

【译文】 盆景，当今时尚以置于几案之上为第一，陈列在庭院台榭稍逊，而我的观点正相反。最古朴的，天目松当为第一，它高不过二尺，矮不低于尺许，树干如臂，针叶如簇，形成画家马远的"倾斜弯曲"，郭熙的"豪放粗犷"，刘松年的"交错层叠"，盛子昭的"低拽高飞"等各种形状，用上等钵盂培植，参差错落，十分雅观。又有古梅，枝干苍劲，苔藓斑驳，含花吐叶，历久不败，也很古雅。如像时尚那样做些沉香片，就没有意思。木片生花，有何趣味？这不过是跟风趋时而已。还有枸杞、水冬青、野榆、桧柏等，根如龙蛇，不露束缚锯截痕迹的，都属上品。其次，福建水竹、杭州虎刺，处于雅俗之间。至于九节的菖蒲，神仙都喜爱，栽在石子地长得瘦弱，栽在土地里长得粗壮，极难培养。吴地的人洗根浇水，修整洁净，认为取清晨叶子上的露水，可以润眼，极其珍贵。我认为可在庭院铺上石子，上面撒种，雨后发芽，自然清香；如果盆中栽植，陈列几案，则十分无趣，它与蟠桃、双果等一样，都不能趋时随俗。其他如春季的兰蕙，夏季的夜合、黄香萱、夹竹桃花，秋季的黄密矮菊，冬季的短叶水仙及美人蕉等，都可随时赏玩。花盆以青绿色古铜器及定窑白瓷、官窑、哥窑的瓷器最好；新窑产的五彩官窑及供春粗料两种瓷器可用；其余的都不入品。花盆宜圆，不宜方，尤忌长而窄。盆中用灵璧、英石、西山等石点缀，其余石头都不入品。盆景，室内也可置一二盆，不可过多。小盆景忌搁置红色几凳，大盆景忌讳置于官窑砖上，用旧石凳或莲花石柱放置盆景就很好。

卷三 · 水石

石令人古，水令人远，园林水石，最不可无。要须回
环峭拔，安插得宜。一峰则太华千寻，一勺则江湖万里。
又须修竹、老木、怪藤、丑树交覆角立，苍崖碧涧，奔泉
汛流，如入深岩绝壑之中，乃为名区胜地。约略其名，匪
一端矣。

【原文】石令人古，水令人远，园林水石[1]，最不可无。要须回环峭拔，安插得宜。一峰则太华[2]千寻[3]，一勺则江湖万里。又须修竹、老木、怪藤、丑树交覆角立[4]，苍崖碧涧，奔泉汛流，如入深岩绝壑之中，乃为名区胜地。约略其名，匪一端矣。志《水石第三》。

【注释】〔1〕水石：流水及水中之石。

〔2〕太华：即西岳华山，在陕西省华阴市。

〔3〕寻：长度单位，一寻为八尺。

〔4〕角立：突兀、独立。

【译文】石令人幽静，水令人旷达。园林中，水、石最不可或缺。山水的峭拔回环，要布局得当，相得益彰。造一山，有壁立千仞之险峻，设一水，具江湖万里之浩渺。加上修竹、古木、怪藤、奇树，交错突兀，壁崖深涧，飞泉激流，似入高山深壑之中，如此，才算得上名景胜地。这只是略举概要，并非千篇一律。

广 池

【原文】凿池自亩以及顷，愈广愈胜。最广者，中可置台榭之属，或长堤横隔，汀蒲、岸苇杂植其中，一望无际，乃称巨浸。若须华整，以文石为岸，朱栏回绕，忌中留土，如俗名战鱼墩[1]，或拟金焦[2]之类。池傍植垂柳，忌桃杏间种。中畜凫雁，须十数为群，方有生意。最广处可置水阁，必如图画中者佳。忌置簰舍[3]。于岸侧植藕花，削竹为阑，勿令蔓衍。忌荷叶满池，不见水色。

【注释】〔1〕战鱼墩：苏州俗称，即供渔人撒网捕鱼的水中土堆。

〔2〕金焦：镇江的金山和焦山。

〔3〕簰（pái）舍：在竹排上搭的小屋。

【译文】 开凿池塘小则一亩，大至一顷，越大越好。

□ 凿 池

　　水体为园林中的重要素材，唐人已十分重视理水。凿池理水，可将江河湖海的自然之水引进自家宅园，构成池、潭、瀑等不同水景。园林理水，对水的源头，水面形态、大小，水中植物、倒影、游鱼等，乃至水与周围所有景物的关系都要进行设计与处理。园林多是山水相依，在北方的皇家园林常常是以一山一岛为中心，水围绕山、岛，水面很大；而南方私家园林则多是以水池为中心，岸旁堆叠山石，建筑围池，再在其间种植花木。

□ 小 池

　　在园林中构筑山水池首先要考虑其牢固性，这是安全、实用的第一要求。除此之外，还要注意水池的形式和布置方式，要根据地形、池面大小和周围环境，因地制宜地处理。庭院和小园林多做简单形状的水池，周围点缀若干湖石、花木和藤萝，再在池中养鱼、植睡莲等，即可表现自然之趣。

　　最大的，水中可建楼台水榭，或者筑长堤横隔，堤岸种上菖蒲、芦苇等，一望无际，才称得上浩瀚。如求华丽整齐，可用文石砌岸，木栏环绕，忌堤上堆土，像俗称的战鱼墩，或者模仿金焦之类。池旁植垂柳，忌桃、杏间种。水中养野鸭、大雁数群，才有生气。最宽阔处可设置水中楼阁，照画中样式修建最好。忌水中搭建有小屋的竹排。水岸边可种一些荷花，削竹为栏杆，不使其蔓延。忌荷叶覆盖水池，不见水色。

小 池

【原文】 阶前石畔凿一小池，必须湖石四围，泉清可见底。中畜朱鱼、翠藻，游泳可玩。四周树野藤、细竹，能掘地稍深，引泉脉者更佳，忌方圆八角诸式。

【译文】 台阶前、假山旁开凿一小水池，四周必须用太湖石砌边，池水清澈见底。池中饲养一些金鱼、水草，鱼儿游戏其间，可供观赏。四周种一些野藤、细竹，如能引山泉入池中，那就更好。水池，忌方、圆及八角等规则形状。

瀑 布

【原文】山居引泉，从高而下，为瀑布稍易，园林中欲作此，须截竹长短不一，尽承檐溜，暗接藏石罅中，以斧劈石叠高，下凿小池承水，置石林立其下，雨中能令飞泉溃薄[1]，潺湲有声，亦一奇也。尤宜竹间松下，青葱掩

□ 瀑 布

　　古典园林中营造瀑布水源的方法常见的有两种：一种是人工蓄水，主要是通过在上游人工修建蓄水池的方法蓄水；另一种是以天然水作水源。

映，更自可观。亦有蓄水于山顶，客至去闸，水从空直注者，终不如雨中承溜为雅，盖总属人为，此尤近自然耳。

【注释】〔1〕渍（fén）薄：水喷溅的样子。

【译文】 在村野山居，接引山泉从高而下成为瀑布比较容易。在园林中造瀑布，须用长短不一的竹子，承接屋檐的流水且隐蔽地引入岩石缝隙，并将它垫高，下面凿小池接水，安放一些石头在池子里，下雨时能形成飞泉激荡，潺潺有声，这也是一奇观。尤其在竹林松树之下，青翠掩映，更为美观。也可储水于山顶，客人到时打开水闸，水直流而下，但终究不如承接雨水而成更有雅趣，因为山顶储水总归属于人为，而这更近于自然。

凿井

【原文】 井水味浊，不可供烹煮；然浇花洗竹，涤砚拭几，俱不可缺。凿井须于竹树下，深见泉脉，上置辘轳引汲，不则盖一小亭覆之。石栏古号"银床"，取旧制最大而有古朴者置其上，井有神，井傍可置顽石，凿一小龛，遇岁时奠以清泉一杯，亦自有致。

【译文】 井水有异味，虽不能用作烹煮饮用，但浇灌花木，擦洗砚台几案，都不可缺少。凿井要在竹林下，深挖引泉，上面设辘轳提取井水，也可盖一小亭遮挡起来。石栏杆古称"银床"，取大而古朴的旧式石栏安置在井台上，井有神灵，井旁可用顽石凿一小神龛，祭祀时节，祭以清泉一杯，也自有情致。

天泉〔1〕

【原文】 秋水为上，梅水次之。秋水白而冽〔2〕，梅水白而甘。春冬二水，春胜于冬，盖以和风甘雨，故夏月暴雨不宜，或因风雷蛟龙所致，最足伤人。雪为五谷

◎凿井宜忌

　　井在风水理论中有"固一方之气，通一地之龙神"的作用，因此在凿井时也有诸多宜忌。井不可靠近墓地，《水龙经》云："凡近冢有井，主有患心腹及耳病。"也不可在紧靠大门的地方打井，《中华风俗史》云："厅内、房前、堂后，不宜开井。"水井的择吉也很重要，《择吉》载："卯日忌穿井。"除了忌日，还有吉日，"满日取三家井水祀灶，令人大富，润宿种，大利"。这就说明在恰当的日子凿井或祭拜水井，是可以带来福泽的。

②　圆形筒井
　　中国民间使用时间较长的一种井的类型，其口径多为1~2米，深度在20~30米，凿井时可直接进入井筒中挖掘土石。

③　井　台
　　又名井栏，多为石制。其作用：一是保护井水免受污染，二是防止行人不慎落井。

①　辘　轳
　　提取井水的起重装置，一般固定在井架上，上面装有可以用手柄摇转的轴，其上缠绕有绳索，通过摇转手柄，水桶上下于井中，以提取井水。

之精，取以煎茶，最为幽况〔3〕，然新者有土气，稍陈乃佳。承水用布，于中庭受之，不可用檐溜。

【注释】〔1〕天泉：指雨水、雪水。
〔2〕冽：清澈。
〔3〕况：寒冷。

【译文】　天泉以秋季雨水最好，黄梅季节的稍次。秋水清凉，梅水清甜。就春、冬二季的雨水而言，春水胜于冬水，因为春季气候温润，而夏季的狂风暴雨不洁净，或者由风雷蛟龙所导致，对人伤害最大。雪水是滋养五谷的精华，用来煎茶最佳，但新取的雪水带有土腥味，存放一些时日更好。雨水要用布在中庭露天承接，不能取屋檐水。

地 泉

【原文】 乳泉漫流如惠山泉为最胜，次取清寒者。泉不准于清，而难于寒，土多沙腻泥凝者，必不清寒。又有香而甘者，然甘易而香难，未有香而不甘者也。瀑涌湍急者，勿食，食久令人有头疾。如庐山水帘、天台瀑布，以供耳目则可，入水品则不宜，温泉下生硫黄，亦非食品。

【译文】 地下涌出的泉水，像无锡惠山泉那样的，最美，其次是清凉的。泉水清澈并不难，既清又凉的却很少，土厚泥细处的泉水，必然不会清凉。又如香而甜，但甘甜泉水多，而清香的泉水难寻，没有只是清香而不甘甜的泉水。喷涌湍急的泉水，不要饮用，经常饮用会头疼。如庐山、天台山的瀑布，供人观赏还行，用作饮用则不可。温泉水富含硫黄，也不能作为饮用水。

流 水

【原文】 江水取去人远者，扬子南泠，夹石渟渊，特入首品。河流通泉窦者，必须汲置，候其澄澈，亦可食。

【译文】 江水应取自远离人烟之处，扬子江的南泠泉从岩石间涌流而出，因此被列为极品。与河流相通的泉水，必须澄清后，才可食用。

丹 泉

【原文】 名山大川，仙翁修炼处水中有丹，其味异常，能延年却病，此自然之丹液，不易得也。

【译文】 名山大川中，凡是道士修炼的地方，泉水里含有丹砂，味道特别，能祛病延年，这是天然的丹液，不易获得。

品 石

【原文】 石以灵璧为上，英石次之。然二种品甚贵，购之颇艰，大者尤不易得，高逾数尺者，便属奇品。小者可置几案间，色如漆，声如玉者最佳。横石以蜡地而峰峦峭拔者为上，俗言"灵璧无峰"、"英石无坡"。以余所见，亦不尽然。他石纹片粗大，绝无曲折、屼峍[1]、森耸峻嶒者。近更有以大块辰砂、石青、石绿[2]为研山、盆石，最俗。

【注释】 〔1〕屼峍（wù lù）：高耸的样子。
〔2〕石青、石绿：石青，即蓝铜矿石，色泽青翠，旧时用作画颜料；石绿，即孔雀石，色彩美丽，用作饰物及绿色颜料。

【译文】 园林用石，以灵璧石为上品，英石稍次。但这两个品种非常稀少珍贵，很难买到。高大的，尤其难得，几尺高的，就算珍品了；小的，可置于几案。色如漆器光亮，声如玉石清脆的，最佳。横石，以质地如蜡、形如峰峦峭拔的为上品。世人都说"灵璧无峰"、"英石无坡"，依我所见，也不尽然。其他石头纹理粗大，绝无曲折、陡峭、高峻、挺拔之势。如今，还有用大块丹砂、石青、孔雀石做成研山、盆石的，特别俗气。

灵 璧

【原文】 出凤阳府宿州灵璧县，在深山沙土中，掘之乃见，有细白纹如玉。不起岩岫。佳者如卧牛、蟠螭[1]，种种异状，真奇品也。

【注释】 〔1〕蟠螭（pán chī）：指盘曲的无角之龙。

【译文】 灵璧石产自凤阳府灵璧县，在深山的沙里，挖开沙土就显露出来，它纹理细腻、洁白如玉，没有孔

◎灵璧石山子

山子是指在雕刻艺术或园林装饰中以山石为主要造型的物件。灵璧石小者如拳，大者高数丈，无论大小，都可天然成形、千姿百态，且具备了"瘦、透、皱、漏"等要素，所成山子，意境悠远，兼具工艺美与自然美。

石肤

灵璧石的肌肤往往巉岩嶙峋、沟壑交错、粗犷雄浑、气韵苍古。

颜色

色泽以黑、褐黄、灰为主，间有白色、暗红、五彩等颜色夹杂，多姿多彩。

质地

化学成分即碳酸盐岩石，为隐晶质石灰岩，间有少量白云石和少量黄铁矿及铁的氧化物。

硬度与音质

质地坚韧，硬度在5~6；轻击微叩，都可发出玎玲之声，余韵悠长，有"玉振金声"之美称。

□ 梅雪争春

"梅雪争春"一石属白灵璧类，在光滑、雪白的灵璧石上，点缀有粗糙的褐色石体，好似早春时节瑞雪初融时露出的斑斑杂质。该山子为大明奇石馆藏品。

□ 中国印

该石石表深色部分，形状极像2008年北京奥运会会徽中舞动的"京"字，再巧妙地配以刻有奥运标志的底座，让人更觉神似。该山子图采自中华灵璧网。

眼。其中有的如卧牛、盘龙等各种形态，堪称珍品。

英 石

【原文】 出英州倒生岩下，以锯取之，故底平起峰，高有至三尺及寸余者。小斋之前，叠一小山，最为清贵，然道远不易致。

【译文】 英石产自英州的倒生岩下，因为英石从岩石上锯下，所以呈底部平齐的立柱形，高的有三尺长，小的仅一寸多长。小屋前，用英石堆砌一个小山，最为清雅，然而，产地太远，不易得到。

太湖石

【原文】 石在水中者为贵，岁久为波涛冲击，皆成空石，面面玲珑。在山上者名旱石，枯而不润，赝作弹窝，若历年岁久，斧痕已尽，亦为雅观。吴中所尚假山，皆用此石。又有小石久沉湖中，渔人网得之，与灵璧、英石亦颇相类，第声不清响。

【译文】 水中的太湖石最珍贵，经波涛常年冲击侵蚀，形成许多洞孔，绵绵玲珑剔透。在山上的叫旱石，干燥不润，人工开凿一些洞孔，待年久凿痕消失，也还雅观。吴地一带的人喜欢的假山，用的都是旱石。还有渔夫捕鱼时捞起来的湖底小石，与灵璧石、英石也很相像，不过，声音不清脆。

尧峰石

【原文】 近时始出，苔藓丛生，古朴可爱。以未经采凿，山中甚多，但不玲珑耳！然正以不玲珑，故佳。

【译文】 尧峰石是近年才发现的，石头上苔藓丛生，古朴可爱。因为以前未经开采，所以山中很多，不过都不

◎英石山子

英石，主要产于广东英德北郊望埠镇英山，古代四大名石之一。英石皆自然而成，外表峰棱突兀，多见黑色，间有青色、白色。大块英石可充园圃假山之用，小者可作盆景假山、砚山。

质 地

属沉积岩中的石灰岩，主要成分为方解石，石质稍润，坚而脆。

石 肤

棱角突兀，有蔗渣、巢状，大皱、小皱等状；由于它是凿、锯而得，所以正背面明显，多洼孔石眼，而背面较平淡，观赏性不强。

形制特征

多具壁立峭峻、峰峦叠嶂、纹皱奇崛、玲珑宛转之态。

纹 理

纹理细腻，褶皱呈天然的丘壑状，有的石上会有白色石筋。

颜 色

有黑、微灰黑、浅绿、纯白、青灰、灰白、霞灰红等几种，其中以青灰和灰白最多，黑者为贵。

硬度与音质

硬度为4，叩之微有声，上品者声音清越。

□ **和平鸽　翁源奇石馆**

该石色彩艳丽，造型如一只站立的鸽子，它神态恬静，脑袋微偏，目光柔和，好似在凝视远方。

□ **流云石　安徽归园**

此石质地温润柔和，叩之声如金玉。表面图案极似浮雕，形若宛转之浮云，云朵造型奇特，变化多端，有徐徐向前行进之势。

◎太湖石山子

太湖石产于洞庭西山、宜兴一带，石质坚硬润泽，石上有相互连通的洞眼。有白色的、青黑色的，也有淡青色的。太湖石最高的有三五丈之高，适合打磨成假山，点缀在庭院之间，或者放置在园林花木之中；偶有一尺多高的、罕见的、小巧玲珑的太湖石可放置在几案上，以供闲时把玩。

石肤

长年受水浪冲击，石上多皱纹、窝孔、穿孔、道孔等奇异形态。

种类

按其石质和特点可分为白太湖石、青黑太湖石、青灰太湖石三种；按生成环境可分为旱石和水石。

颜色

石色润而淡，多为灰色，也有白色、黑色、黄色，红色者较少。

质地

属碳酸钙类石灰岩，质地均匀、细密，但干石质枯而不润，棱角粗犷，难有宛转之美。

纹理

纹理纵横，褶皱相叠，脉络起隐，突出了"皱"的特色。

形制特征

形状奇特峻峭，具有"瘦、皱、漏、透"的审美特征。

地质成因

石灰岩长期经受波浪的冲击，以及含有二氧化碳的水的溶蚀，逐步形成大自然精雕细琢、曲折圆润的太湖水石；四亿年前的石灰岩，在酸性红壤的历久侵蚀下形成太湖干石。

硬度

硬度在4~5之间。

□ 独秀峰

南京蒋氏奇石馆

该石为黄太湖石，它姿态挺拔，造型秀丽，虽不似珍禽异兽、名山古迹，但意韵深远，古朴含蓄。石表颜色纯正而浓郁，让人赏心悦目。

□ 赤龙跃渊

南京蒋氏奇石馆

该石体量巨大，实属难得。肤色为深红色，石形如一条盘踞于古松之上的苍龙，正欲跃渊而下；龙首、龙身、龙尾皆清晰易辨。石上有孔洞若干，其中，龙首上的三个孔洞恰似龙眼与龙唇。

精致。但是正因为不精致，所以才好。

昆山石

【原文】 出昆山马鞍山下，生于山中，掘之乃得，以色白者为贵。有鸡骨片、胡桃块二种，然亦尚俗，非雅物也。间有高七八尺者，置之高大石盆中，亦可。此山皆火石，火气暖，故栽菖蒲等物于上，最茂。惟不可置几案及盆盎中。

【译文】 昆山石产自昆山的马鞍山下，在山中挖开泥土就可采得到，以白色为贵。有鸡骨片、胡桃块两种，但都较俗气，不雅致。间或有七八尺高的，安置在高大石盆中，尚可。此山都是火石，泥土属热性，所以很适合种植菖蒲等植物，非常茂盛。几案上、盆钵中，不宜放置仅一尺高的昆山石。

锦川　将乐　羊肚石

【原文】 石品中惟此三种最下，锦川尤恶。每见人家石假山，辄置数峰于上，不知何味，斧劈以大而顽者为雅。若直立一片，亦最可厌。

【译文】 所有石品中，锦川、将乐、羊肚石这三种最差，其中，锦川垫底。常见有的假山顶上堆砌许多这类石头，不知是什么趣味，此类石头以高大而拙朴为美。如若直立一片，最难看。

土玛瑙

【原文】 出山东兖州府沂州，花纹如玛瑙，红多而细润者佳。有红丝石，白地上有赤红纹。有竹叶玛瑙，花斑与竹叶相类，故名。此俱可锯板，嵌几榻屏风之类，非贵品也。石子五色，或大如拳，或小如豆，中有禽、鱼、

◎昆山石山子

　　昆山石产于江苏昆山，以空灵剔透、玲珑可人为主要观赏点。一般昆石大小尺许，大者极少见。宋代文豪陆游赏昆石，有"雁山菖蒲昆山石，陈叟持来慰幽寂。寸根蹙密九节瘦，一拳突兀千金值"诗句留世。

硬度

　　石质较脆，硬度为7。

石肤

　　肌理凹凸，骨片纵横，脉络起隐，有空灵、清越之感。

颜色

　　微白，呈半透明状，色泽明洁，以不燥、不灰、不僵、自然本色为佳

纹理

　　纹理纵横，呈网脉状。

形制特点

　　其外形小巧玲珑，通灵剔透，婉约俏丽。

质地

　　在形成过程中，会出现不同石质成分的交织，使其形式和状态多样。

□ 婀娜多姿
江苏昆石轩

　　该石外形酷似一位翩翩起舞的少女，她双脚踮起，胳膊微抬，轻舞水袖，姿态万千。

□ 舞 魂
江苏昆石轩

　　"舞魂"一石属昆山石中鸡骨峰一类，它身姿挺拔，笔立成峰，石表脉络起伏，筋骨纵横，石体呈半透明状，如舞者飘扬的薄纱。

◎玛瑙

玛瑙以其丰富的色彩和美丽多姿的造型赢得石玩爱好者的青睐。古代石玩家对玛瑙异常珍视，常将其抛光、打磨，制成各种式样的摆件和装饰品。

□ 硕果丰登

该石为玛瑙石中葡萄玛瑙一品，它通体布满大小不一、圆润饱满的玛瑙球，石体呈半透明，如一串串晶莹剔透的葡萄，让人垂涎。

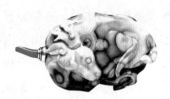

□ 玛瑙卧鹿形鼻烟壶

此品为18～19世纪的作品，它形如蜷卧的小鹿，玲珑乖巧，石上条状纹理明显，有圆状斑点，色彩搭配和谐。在2007年纽约佳士得春季拍卖会上，曾拍出过129万美元的高价。

鸟、兽、人物、方胜、回纹之形，置青绿小盆，或宣窑白盆内，斑然可玩，其价甚贵，亦不易得，然斋中不可多置。近见人家环列数盆，竟如贾肆。新都[1]人有名"醉石斋"者，闻其藏石甚富且奇。其地溪涧中，另有纯红纯绿者，亦可爱玩。

【注释】〔1〕新都：指北京。

【译文】 土玛瑙产自山东兖州府的沂州，花纹如玛瑙，以红色为主，质地细密润泽的为佳品。有一种叫红丝石的，白底上现赤红色丝纹；还有一种叫竹叶玛瑙的，花纹与竹叶相似而得名。这两种都可锯成板材，用于镶嵌几案、卧榻、屏风之类器物，不是名贵品种。有一种五彩的玛瑙石，有的大如拳头，有的小如豆粒，石头上有禽、鱼、鸟、兽、人物、风景以及回纹的图形，置于青绿小盆或宣窑白盆内，色彩斑斓，值得赏玩。只是价值昂贵，不易得到。此石也不宜在家里过多陈设。最近看见有人在家中陈列数盆，完全像商铺一般。北京有一个叫"醉石斋"的地方，听说收藏的玩石丰富而且品种新奇珍贵。沂州的山涧溪流中，还有一种纯红或纯绿色的玛瑙石，也可爱、好玩。

大理石

【原文】 出滇中，白若玉、黑若墨为贵。白微带青，黑微带灰者，皆下品。但得旧石，天成山水云烟，如"米家山"，此为无上佳品。古人以镶屏风，近始作几榻，终为非古。近京口一种，与大理相似，但花色不清，石药[1]填之为山云泉石，亦可得高价。然真伪亦易辨，真者更以旧为贵。

【注释】 〔1〕石药：矿物。

【译文】 大理石产自云南；以洁白如玉、漆黑如墨的为上品。白里有青、黑中带灰的，都是下品。但有一种旧石，天然生成山水云烟，如米芾父子的山水画，则是无可比拟的佳品。古人用大理石镶嵌屏风，近代开始用于几案卧榻，终究不是古旧石品。京口（镇江）有一种岩石与大理石相似，但花纹模糊不清，用药石描画出山水，也能卖得高价。然而，真伪也容易辨别，真品以旧石为贵。

永 石

【原文】 即"祁阳石"，出楚中。石不坚，色好者有山、水、日、月、人物之象。紫花者稍胜，然多是刀刮成，非自然者，以手摸之，凹凸者可验，大者以制屏亦雅。

【译文】 永石，是产自祁阳的祁阳石。永石质地不硬，其中花色好的，有山、水、日、月、人物的图像。紫色花纹的，更好一些，但大多是人为刀刻，并非自然生成，用手触摸，凹凸不平。不过，大块的用来制作屏风，也还雅致。

□ 祁阳石砚

祁阳石，产于湖南永州市祁阳。在色彩上分两类：一类是浅绿色，彩色质地、深色纹路甚是好看，多镶嵌各种器皿上；另一类为紫色，中间呈青绿石纹，雕琢后即为上好的石砚。制成的石砚，石之肌理清晰、莹润透彻，成品砚称为"祁阳石砚"或"祁阳砚"。

卷四·禽鱼

　　语鸟拂阁以低飞，游鱼排荇而径度，幽人会心，辄令
竟日忘倦。顾声音颜色，饮啄态度，远而巢居穴处，眠沙
泳浦，戏广浮深，近而穿屋贺厦，知岁司晨啼春噪晚者，
品类不可胜纪。丹林绿水，岂令凡俗之品，阑入其中。故
必疏其雅洁，可供清玩者数种，令童子爱养饵饲，得其性
情，庶几驯鸟雀，狎凫鱼，亦山林之经济也。

【原文】 语鸟[1]拂阁以低飞，游鱼排荇[2]而径度[3]，幽人会心，辄令竟日忘倦。顾声音颜色，饮啄态度，远而巢居穴处，眠沙泳浦[4]，戏广浮深，近而穿屋贺厦[5]，知岁司晨啼春噪晚[6]者，品类不可胜纪。丹林绿水，岂令凡俗之品，阑入其中。故必疏其雅洁，可供清玩者数种，令童子爱养饵饲，得其性情，庶几驯鸟雀，狎凫鱼，亦山林之经济[7]也。志《禽鱼第四》。

【注释】 〔1〕语鸟：善鸣之鸟。

〔2〕荇（xìng）：多年生水生草本植物。

〔3〕径度：径直度过。

〔4〕浦：水边，河岸。

〔5〕穿屋贺厦：穿屋，雀。贺厦，燕雀。

〔6〕知岁：鹊。司晨：鸡。啼春：莺。噪晚：鸦。

〔7〕山林之经济：隐居者的知识技艺。

【译文】 鸟儿掠檐低飞，鱼儿排萍畅游，雅士舒心，流连忘返，毫无倦意。品赏禽、鱼声音颜色、动态神气，远的，栖息巢穴的飞禽，浮沉嬉戏的游鱼；近的，阳雀、飞燕、喜鹊、雄鸡、乌鸦，种类繁多，不可胜数。青山绿水的园林，岂容凡品俗物进入其中。因此，必须置备各种可供观赏的雅洁品种，使儿童爱怜饲养，调养心性。驯养鸟雀，戏弄游鱼，是隐居山林的必备。

鹤

【原文】 华亭鹤窠村所出，具体高俊，绿足龟文，最为可爱。江陵鹤津、维扬俱有之。相鹤但取标格奇俊，唳声清亮，颈欲细而长，足欲瘦而节，身欲人立，背欲直削。蓄之者当筑广台，或高冈土垅之上，居以茅庵，邻以池沼，饲以鱼谷。欲教其舞，俟其饥，置食于空野，使童子拊掌顿足以诱之。习之既熟，一闻拊掌，即便起舞，谓之"食化"。空林别墅，白石青松，惟此君最宜。其余羽

□ **鹤与古代文人**

　　古人爱好养鹤，且将其作为一种雅趣。这与鹤本身形态、象征意义以及古人的审美意象都有关系。历代古人都对鹤有一种崇拜之情，早在《诗经》中就已有"鹤鸣九皋，声闻于天"的记载。鹤，以其莹白如玉的毛羽，修长的体态，塑造出秀美俊逸、亭亭玉立的形象，被历代文人看作高洁、清雅的象征。此外，鹤还被当作"孝"的象征、"报恩"的象征，在神话传说中，鹤还是"仙人的骐骥"。历代养鹤成风，明代时，鹤还被作为珍禽饲养于皇家园林之内，有仙鹤图案的装饰品也被用于宫中器物。在文人笔下，鹤不仅可以抒发情怀，而且更象征了一种人与自然的和谐。

族，俱未入品。

【译文】 华亭鹤窠村的鹤，体态高大俊秀，绿足龟纹，特别可爱。江陵、扬州也产鹤。选鹤要挑选姿态俊秀、叫声清脆、颈项细长、足瘦有力、身形挺拔、背部平直的。养鹤，应筑宽阔的平台，或者高岗土坡上，并搭棚为窝；要临近水沼池塘，以鱼虫谷物饲养。要教鹤舞蹈，等到它饥饿时，在空阔之地放上食物，让儿童拍手顿足逗引，天长日久，习以为常之后，有人拍手，就会闻声起舞，这叫作"食物驯化"。旷野山居，石岩松林，只有鹤最适宜，其余飞禽都不入品。

鸂鶒

【原文】 能敕水，故水族不能害，蓄之者，宜于广池巨浸，十数为群，翠毛朱喙，灿然水中。他如乌喙白鸭亦可畜一二，以代鹅群，曲栏垂柳之下，游泳可玩。

【译文】 能整饬流水，所以水里的动物不能伤害它。适宜饲养在宽广的水域，结队成群，绿毛红嘴，水中一片灿烂。其他如黑嘴白鸭，也可养一两只，代替鹅群，曲栏

□ 鸂鶒
　　古书上指的是一种像鸳鸯的水鸟，但体形略大于鸳鸯，周身颜色多为紫色，喜并游，有"紫鸳鸯"之称。李白诗句"七十紫鸳鸯，双双戏亭幽"，描绘的应该是这种水鸟。

垂柳之下，游水嬉戏，也赏心悦目。

鹦鹉

【原文】 鹦鹉能言，然须教以小诗及韵语，不可令闻市井鄙俚之谈，聒然盈耳。铜架食缸，俱须精巧。然此鸟及锦鸡、孔雀、倒挂、吐绶诸种，皆断为闺阁中物，非幽人所需也。

【译文】 鹦鹉能学人说话，但必须教它小诗及对偶句子，不可让它学鄙俗的市井俚语，嘈杂刺耳。鸟架、食缸都要精巧。然而，鹦鹉和锦鸡、孔雀、倒挂、火鸡等，都是闺阁中玩物，而不是隐者雅士所需的。

□ 鹦鹉

　　鹦鹉自古以来就是殷实之家必养的鸟种之一。在造型上，鹦鹉属于典型的攀禽，足呈对趾型，两趾向前，两趾向后，适于抓握。其鸟喙强劲有力，向内弯勾，可食用硬壳果。鹦鹉聪明伶俐，善于学习，人们对鹦鹉最为钟爱的技能当属效仿人言，经训练后的鹦鹉可表演许多新奇有趣的节目，是鸟类的"表演艺术家"。

百舌　画眉　鹦鹆 [1]

【原文】 饲养驯熟，緜蛮软语，百种杂出，俱极可听，然亦非幽斋所宜。或于曲廊之下，雕笼画槛，点缀景

□ 百舌

　　百舌，又名"反舌""乌哥"等。属雀形目，外形与八哥类似，喙为蜡黄色，眼圈略浅，脚呈黑色。自春秋早期至清代中期，百舌鸟一直被当作与八哥一样的宠物鸟为人们所饲养，后来此风气渐弱。其分布较广，在中国大部分林地、公园及园林内都可见。

□ 画 眉

画眉，属鹟科，画眉亚科，是常见的鸣禽。其头部颜色较深，因有明显的白色眼圈，向后延伸呈蛾眉状眉纹，故得画眉之名。画眉生性机敏，喜单独生活，秋冬季节集结成小群，喜栖居于山丘灌丛或竹林中。其声音婉转动听，善于模仿其他鸟类鸣叫，常立于树杈间鸣啭。

□ 八 哥

八哥，又名"鸲鹆""鹦鹆"等。属雀形目椋鸟科，是中国南方常见的鸟类。普通八哥的喙足均为鲜黄色，喙与头部交接处有明显的额羽，头颈部的体羽在黑色中有闪烁的绿色光泽，初级覆羽和初级飞羽的基部都为白色，飞行时两翅中央有明显白斑，仰视时白斑呈"八"字形。故有"八哥"之名。

色则可，吴中最尚此鸟。余谓有禽癖者，当觅茂林高树，听其自然弄声，尤觉可爱。更有小鸟名"黄头"，好斗，形既不雅，尤属无谓。

【注释】〔1〕鸲鹆（qú yù）：八哥。

【译文】 饲养百舌、画眉、八哥，把它们训练熟练后，能发出各种叫声，有数百种之多，非常悦耳，但也不适宜幽静之室。或在曲径回廊之下，有朱栏画栋和雕琢精致的鸟笼，用来点缀景色，尚可，吴地之人最爱此鸟。我认为，有养鸟嗜好的人，应去寻找茂密的树林、高大的树木，欣赏鸟雀自然鸣唱，那才可爱有趣。还有一种叫作"黄头"的小鸟，生性好斗，形态不雅，更加无趣。

朱 鱼

【原文】朱鱼〔1〕独盛吴中，以色如辰州朱砂故名。此种最宜盆蓄，有红而带黄色者，仅可点缀陂池。

【注释】 〔1〕朱鱼：又名硃砂鱼，即金鱼，也称作"锦鱼""火鱼""金鲫鱼"。其鳍都较大，尾分三到四片呈披散状，有红、白、紫、黄等色，有较多变种。

【译文】 金鱼盛行于吴地一带，因其色如朱砂而得名，金鱼最适合盆中饲养，有一种红中带黄的，只能点缀蓄水池。

鱼 类

【原文】初尚纯红、纯白，继尚金盔、金鞍、锦被，及印头红、裹头红、连腮红、首尾红、鹤顶红、继又尚墨眼、雪眼、硃眼、紫眼、玛瑙眼、琥珀眼、金管、银管，时尚极以为贵。又有堆金砌玉、落花流水、莲台八瓣、隔断红尘、玉带围、梅花片、波浪纹、七星纹种种变态，难以尽述，然亦随意定名，无定式也。

◎鱼鳍功用及金鱼品系

　　就鱼的外形而言，虽有梭型、侧扁型和圆筒形之分，但其各部位鳍的功用与称谓却大体相同。金鱼以依其头部、身体的形状进行品系划分，更以尾鳍以及有否背鳍等特征区分为文系金鱼、龙系金鱼和蛋系金鱼等几个品系。

① 腹 鳍

　　位置因鱼类不同而有所差异。一般软骨鱼类的腹鳍位于泄殖腔孔两侧，硬骨鱼类的腹鳍位于躯干两侧。其作用是协助背鳍和臀鳍保持鱼体的平衡，辅助鱼体升降转弯。

② 胸 鳍

　　位于鱼鳃后缘，胸部位置，其作用是保持鱼体平衡。鱼停止前进时，胸鳍控制方向平衡；鱼体缓慢游动时，胸鳍可作船桨之用；鱼体快速游动时，胸鳍可起到减速和制动作用。

③ 臀 鳍

　　位于鱼体腹部中线、肛门后方。其作用是协调其他各鳍维持鱼体平衡，防止鱼体倾斜摇摆。

④ 背 鳍

　　位于鱼体背中线位置，对鱼体起平衡作用，保持鱼体侧立。若失去背鳍，则鱼体会失去平衡而侧翻。

⑤ 尾 鳍

　　位于鱼体尾部，其作用是决定鱼运动的方向及动力，根据其外形及位置可分圆形尾鳍、歪形尾鳍、正形尾鳍。尾鳍至关重要，若失去尾鳍，则鱼体不会转弯。

□ 龙系金鱼

　　龙系金鱼属变种金鱼，眼球凸出，鳍较长，有三尾或四尾鳍。因眼睛突出于眼眶之外，类似于龙的眼睛，因此又名"龙睛金鱼"。此类金鱼出现较早，在明代一些瓷器或雕刻工艺品中都可见到以龙睛金鱼为主题的纹样。

□ 文系金鱼

　　文系金鱼体形较短，头嘴尖，腹部圆，眼睛小且平直。有较大的四尾鳍，犹如"文"字，故得名"文种"。主要分文鱼、狮头鱼、珍珠鳞。此为珍珠鳞金鱼，全身似镶满珍珠，加之浑圆身体，深得人们喜爱。

□ 蛋系金鱼

　　蛋系金鱼身体肥胖呈蛋形，没有背鳍，尾巴开放。分蛋鱼、蛋凤、寿星、水泡眼、朝天眼五类。此为蛋系金鱼之水泡眼，其眼球下各部长有一水泡，游动时水泡左右扇动，似要破裂，形态古怪有趣。

【译文】　鱼类，最初人们尊崇纯红、纯白，继后尊崇金盔、金鞍、锦被，以及印头红、裹头红、连腮红、首尾红、鹤顶红，继后又尊崇墨眼、雪眼、朱砂眼、紫眼、玛瑙眼、琥珀眼、金管、银管，贵为时尚。又有堆金砌玉、落花流水、莲台八瓣、隔断红尘、玉带围、梅花片、波浪纹、七星纹等多样变种，难以尽述，但也是随意定名，并无定式。

蓝鱼　白鱼

【原文】　蓝如翠，白如雪，迫而视之，肠胃俱见，此即朱鱼别种，亦甚贵。

【译文】　蓝鱼，蓝中泛青；白鱼，色白如雪，逼近观看，能见其肠胃，它们都是金鱼的变种，也很珍贵。

鱼尾

【原文】　自二尾以至九尾，皆有之，第美钟于尾，身材未必佳。盖鱼身必洪纤合度，骨肉匀亭，花色鲜明，方入格。

【译文】　鱼的尾巴，从二尾至九尾的都有，但将美丽集中在尾巴了，身材就不一定美好。所以鱼身一定要大小适度，肥瘦均匀，花色鲜明，才能入品级。

观　鱼

【原文】　宜早起，日未出时，不论陂池、盆盎，鱼皆荡漾于清泉碧沼之间。又宜凉天夜月、倒影插波，时时惊鳞泼剌，耳目为醒。至如微风披拂，琮琮成韵，雨后新涨，縠纹皱绿，皆观鱼之佳境也。

【译文】　观鱼应当早起，日出之前，不论池塘中，还是盆缸里，鱼儿都在水中游动。凉爽的月夜观鱼，另有一番美景，水映月影，鱼儿穿梭腾跃，鳞波闪闪，令人耳目一新。至于清风徐徐，泉水潺潺，雨后池塘水涨，绿波荡漾，这都是观鱼的绝佳环境。

吸 水

【原文】 盆中换水一两日，即底积垢腻，宜用湘竹一段，作吸水筒吸去之。倘过时不吸，色便不鲜美。故佳鱼，池中断不可蓄。

【译文】 盆里的水换过一两天后，盆底就积满污垢，应用一节斑竹作吸筒吸出。如果过时不吸，水色就不清亮。所以，珍贵鱼种绝不能养在池中。

水 缸

【原文】 有古铜缸，大可容二石，青绿四裹，古人不知何用，当是穴中注油点灯之物，今取以蓄鱼，最古。其次以五色内府、官窑、瓷州所烧纯白者，亦可用；惟不可用宜兴所烧花缸，及七石牛腿诸俗式。余所以列此者，实以备清玩一种，若必按图而索，亦为板俗。

【译文】 有一种古铜水缸，能装二石水，通身布满铜绿，不知古人做什么用，应该是用于墓穴中盛油点灯的，如今用于养鱼，最古雅。其次用各种内府、官窑、瓷州等窑烧制的纯白色瓷缸，也可以；只是不可用宜兴烧制的花缸，以及七石大瓦缸等粗俗制品。我之所以列举这些，只是为玩赏提供一些例子，如果按图索骥，那也太呆板了。

沈南蘋畫貓

梅景書屋藏畫
貓妙迹己卯春
二月得於宋琴齋
吳湖帆

乾隆丁卯三秋南蘋沈銓寫

卷五·书画

　　金生于山，珠产于渊，取之不穷，犹为天下所珍惜。况书画在宇宙，岁月既久，名人艺士，不能复生，可不珍秘宝爱？一入俗子之手，动见劳辱，卷舒失所，操揉燥裂，真书画之厄也。故有收藏而未能识鉴，识鉴而不善阅玩，阅玩而不能装褫，装褫而不能铨次，皆非能真蓄书画者。又蓄聚既多，妍媸混杂，甲乙次第，毫不可讹。若使真赝并陈，新旧错出，如入贾胡肆中，有何趣味。所藏必有晋、唐、宋、元名迹，乃称博古；若徒取近代纸墨，较量真伪，心无真赏，以耳为目，手执卷轴，口论贵贱，真恶道也。

【原文】 金生于山，珠产于渊，取之不穷，犹为天下所珍惜。况书画在宇宙，岁月既久，名人艺士，不能复生，可不珍秘宝爱？一入俗子之手，动见劳辱[1]，卷舒失所，操揉燥裂，真书画之厄也。故有收藏而未能识鉴，识鉴而不善阅玩，阅玩而不能装褫[2]，装褫而不能铨次[3]，皆非能真蓄书者。又蓄聚既多，妍媸[4]混杂，甲乙次第，毫不可讹。若使真赝并陈，新旧错出，如入贾胡肆[5]中，有何趣味。所藏必有晋、唐、宋、元名迹，乃称博古；若徒取近代纸墨，较量真伪，心无真赏，以耳为目，手执卷轴，口论贵贱，真恶道也。志《书画第五》。

【注释】〔1〕劳辱：随意取置，不加爱护。

〔2〕装褫（chǐ）：装裱。

〔3〕铨次：排列次序，依次选编。

〔4〕妍媸（chī）：美好和丑恶。

〔5〕胡肆：胡人开的书画铺。

【译文】黄金产自山里，珍珠生在水中，取之不尽，仍然为天下珍惜，何况书画存世已久，名人艺士，不能复生，能不珍藏爱护吗？一旦落入俗人之手，轻则随意乱翻，卷页不整；重则搓揉破裂，这是书画的灾难！因此，收藏而不能鉴别，能鉴别而不善赏玩，能赏玩而不能装裱，能装裱而不能依次编选，都不算真正的收藏家。收藏多了，难免优劣混杂，因此各个等次的作品，应区分级别，不能有一点差错。如使真赝并陈，新旧错乱，如同胡人开的书画铺子，有何趣味！收藏品中，一定要有晋、唐、宋、元时期的真迹名品，才称得上博古；如果只是搜集一些近代作品，一心考量真伪，无心细细品味欣赏，以耳代目，手执书画，空谈贵贱，这是收藏中的恶习。

论 书

【原文】 观古法书，当澄心定虑，先观用笔结体，精

◎永字八法与书法笔画大体

　　楷书是中国书法艺术中的主要书体之一，产生于汉代，盛行于魏晋南北朝时期，唐朝时楷书的应用进入黄金时代。在楷书字体的发展演变中，古人总结出楷书用笔法则的永字八法。所谓永字八法就是将"永"字的八个笔画代表书法中笔画的大体，分别是"侧、勒、努、趯、策、掠、啄、磔"八个笔画，后人也有将八法引申为书法的代称，其具体用笔如图所示。

点为侧

　　此为点法，点为汉字根源，其他笔画都以此为基础，书写时需将笔锋侧过来。分为上点、下点、左点、右点等。

提为策

　　此为挑法，挑画多在字左边，其笔势略向上仰，起笔时用力，得力时再收笔。有上向挑、下向挑、左向挑、右向挑等。

撇为掠

　　此为撇法，书写时如手拂物之表，行笔渐速，出锋轻捷，力抵末端。有直撇、弧撇、弯撇、腰撇等。

竖为努

　　此为竖法，书写时，竖画的笔锋要用力，犹如拉弓射箭，竖有直竖、右弧竖、左弧竖、上尖竖、下尖竖等。

短撇为啄

　　此笔法，势如鸟啄食，书写时行笔要快速，笔锋峻利。

捺为磔

　　此为捺法，书写时如曲折水波，磔为笔锋开张之意，捺有直捺、弧捺、长捺、短捺等。

钩为趯

　　此为钩法，古人也称之为"戈"法，其笔法犹如长空新月。有直钩、斜钩、高钩、矮钩等。

横为勒

　　此为横法，书写时，横画的起笔和收笔都要勒住笔锋。有平横、凹横、凸横、腰粗横、腰细横等。

神照应；次观人为天巧、自然强作；次考古今跋尾，相传来历；次辨收藏印识、纸色、绢素。或得结构而不得锋芒者，模本也；得笔意而不得位置者，临本也；笔势不联属，字形如算子者，集书[1]也；形迹虽存，而真彩神气索然者，双钩[2]也。又古人用墨，无论燥润肥瘦，俱透入纸素，后人伪作，墨浮而易辨。

【注释】 〔1〕集书：指集合古碑帖字而成。

　　　　　〔2〕双钩：指用细线沿字的笔画边缘勾画轮廓，使其形似。

【译文】 研习古代书法范本，应当心静神定，先看

◎篆书的特点

篆书为汉字的古体字之一，分大篆、小篆。大篆，留有古代象形文字的明显特点，从广义上讲是指小篆以前的文字和书体，如甲骨文、金文、六国文字等。而小篆与大篆相对，又名"秦篆"，是秦始皇统一天下文字时命李斯所制。小篆字体笔画圆转流畅，比大篆简单，而且也整齐。历代都有小篆大家，如唐代李阳冰、五代徐锴、清代邓石如等都是有名的小篆大家。

字 形

小篆多为长方形，一般是方楷的一字半大小，其中一字为正体，半字为垂脚，比例约3：2。

字体结构

篆书字体上紧下松。因为小篆的大部分字的主体部分在上面的大半部，下面的小半部是伸缩的垂脚，所以呈现上紧下松的结构形式。

笔 画

小篆笔画横平竖直，且横画与竖画等距平行。所有笔画以圆为主，圆起圆收，圆劲均匀，方中有圆，圆中有方，转折圆活，笔画粗细基本一致。

平衡对称

篆书在空间上的分割是对称的，这种对称在于左右、上下以及字的局部对称，圆弧形笔画的左右倾斜度的对称。

笔法结构，意境呼应；次看人为或天成，自然或做作；再次则考察古今题跋，相传来历，辨识收藏印章题字、纸张、绢素。仅有间架结构而不见笔法锋芒，这是摹本；虽得笔意而位置不当，这是临本；笔势不贯通，字如呆板的算珠，这是集书；徒有形似而无精神气韵，这是双钩。此外，古人用墨，无论润燥肥瘦，都浸透纸张、绢素，后人伪作，笔墨漂浮，容易辨别。

论 画

【原文】 山水第一，竹、树、兰、石次之，人物、鸟兽、楼殿、屋木小者次之，大者又次之。人物顾盼语言，花、果迎风带露，鸟兽虫鱼，精神逼真，山水林泉，清闲幽旷，屋庐深邃，桥彴往来，石老而润，水淡而明，山势崔嵬，泉流洒落，云烟出没，野径迂回，松偃龙蛇，竹藏风雨，山脚入水澄清，水源来历分晓，有此数端，虽不知名，定是妙手。若人物如尸如塑，花果类粉捏雕刻，虫鱼鸟兽，但取皮毛，山水林泉，布置迫塞，楼阁模糊错杂，桥彴强作断形，径无夷险，路无出入，石止一面，树少四枝，或高大不称，或远近不分，或浓淡失宜，点染无法，或山脚无水面，水源无来历，虽有名款，定是俗笔，为后人填写。至于临摹赝手，落墨设色，自然不古，不难辨也。

【译文】 山水，列画中第一，竹、树、兰、石，稍次，人物、鸟兽、楼殿、屋木画中，小幅的次之，大幅的又次之。人物，形象生动；花、果，随风扶摇，含露滴珠；鸟兽虫鱼，栩栩如生；山水林泉，清幽空旷；屋庐深远、小桥横渡；山石古老润泽，流水清淡明朗；山势险峻，泉流洒落，云烟出没，野径迂回曲折，松树枝干屈曲，竹子藏于风雨之中，山脚入水澄清，水源来历分明，凡是具备以上特点的画作，虽不著名，定是高手所为。如果人物如死尸、塑像，花果如面塑、雕刻，虫鱼鸟兽仅有外形而不见神气，山水林泉布局壅塞；楼殿模糊错杂，桥梁故作断形；径无曲折险峻，路无出入踪迹；山石扁平单调，树木秃枝少叶；或者高大不称，远近不分；或者浓淡失宜，点染无法；或者山脚无水面，水流无来源，虽有名人题款，也是平庸之作，后经人添加而成。至于专事临摹名家的赝手，落墨设色，自然不古，不难辨识。

诗画一体

在画上题字、题诗为中国画的一大特色，这在中国画中起到一个点睛的作用，同时也能更好地体现出中国画所讲究的意境。此画上方题有"庐山高"三字篆书，末尾自识："成化丁亥端阳日，门生长洲沈周诗画，敬为醒庵有道尊先生寿。"中间题以庐山高诗。此题字、题诗不仅指出该画为谁而作，同时也开创了以山水画象征人品的表现手法。

气韵生动

中国古人论画讲究"六要"：气韵生动、骨法用笔、应物象形、随类赋彩、经营位置、传移模写。其中气韵生动位居论画之首，所谓气韵生动，可解释为画中万物的神态，要能够达到活生而灵动的程度。在此画中，作者对虚与实，黑与白的处理极为精妙，画面虽饱满但是并不显挤破，画中山水之上的空灵、云的浮动，以及直泻潭底的飞瀑都使得密实的构图增添生动的气韵。

画山皴法之妙

作者在山石用笔上巧用了前人的绘画技法，融合王蒙的解索皴与董源、巨然的披麻皴，先用淡墨层层皴染，然后施以浓墨逐层醒破，使山石更显浑朴雄健。

笔法稳健细谨

作者用墨浓淡相间，满幅布局之中疏朗有度，实虚结合。所绘瀑布自百丈处直泻冲下，洞水轻柔，与云光山色极为协调。

形象中的点题之处

此画虽以山水形象为主，但重在寓情于景。此画作本是作者为老师祝寿而作，画中借庐山的崇高比喻老师的学问与道德，同时山上的五老峰以万古长青著称，作者也以此祝老师寿诞。画面近处有一人迎飞瀑远眺，形象比例虽小，但恰是点题之物。一则，借大小比例差距，赞扬老师学识的渊博；二则，借仰望之势，寓意对老师的崇敬。

□ 庐山高图　纸本设色　沈周　明代

沈周（1427—1509年），明代"吴门画派"的代表人物。与文征明、唐寅、仇英一起，被称为"明四家"。沈周在书法、绘画方面均有较高造诣，且绘画方面更为突出。其在绘画领域有承前启后的作用，兼工山水、花鸟、人物，以山水和花鸟成就最为突出。"庐山高图"为沈周的山水画代表作。画中山石林木笔法仿王蒙，山石皴法融合王蒙的解索皴与董源、巨然的披麻皴法。整体用笔稳健细谨，用墨浓淡相间，虚实有度。

书画价

【原文】 书价以正书为标准，如右军草书一百字，乃敌一行行书，三行行书，敌一行正书；至于《乐毅》《黄庭》《画赞》《告誓》，但得成篇，不可计以字数。画价亦然，山水竹石，古名贤象，可当正书；人物花鸟，小者可当行书；人物大者，及神图佛像、宫室楼阁、走兽虫鱼，可当草书。若夫台阁标功臣之烈，宫殿彰贞节之名，妙将入神，灵则通圣，开厨或失、挂壁欲飞[1]，但涉奇事异名，即为无价国宝。又书画原为雅道，一作牛鬼蛇神，不可诘识，无论古今名手，俱落第二。

【注释】 〔1〕开厨或失、挂壁欲飞：开厨或失，《晋书·顾恺之传》中说顾恺之曾经将一橱柜画加封后寄放在桓玄处，桓玄开橱取出画后封好如初。他还归顾恺之时说，没有打开过。顾恺之说，妙画通灵，变化而去，就像人登仙境。挂壁欲飞，《神异记》中说张僧繇曾经在金陵安乐寺画二龙而不点睛，他说，点睛就会飞走。有人认为他故弄玄虚，叫他试一试。他就给龙点画了眼睛，顷刻间二龙飞去。

【译文】 书法作品的价格，以正书为标准。如王羲之的草书一百字，只能当一行行书，三行行书当一行正书；至于《乐毅》《黄庭》《画赞》《告誓》，只要成整篇，不能以字数计价。画的价格，也是如此，山水竹石、古代名人肖像，相当于正书；人物花鸟，小幅的，可当行书；人物多的大幅画以及神图佛像、宫室楼阁、走兽虫鱼，可当草书。至于绘制在台阁上的文武功臣和宫殿中绘制的贤士烈女，能通神灵，打开橱柜或许会丢失，挂到墙壁上或许会飞走，但涉及逸闻奇事的画作，就是无价国宝。然而，书写作画本是风雅之事，只要画的是怪诞荒谬、无所依据的图像，即使出自古今名家，也要降一等次。

古今优劣

【原文】 书学必以时代为限，六朝不及晋魏，宋元不及六朝与唐。画则不然，佛道、人物、仕女、牛马，近不及古，山水、林石、花竹、禽鱼，古不及近。如顾恺之、陆探微、张僧繇、吴道玄及阎立德、立本，皆纯重雅正，性出天然；周昉、韩干、戴嵩，气韵骨法，皆出意表，后之学者，终莫能及。至如李成、关仝、范宽、董源、徐熙、黄筌、居寀、二米，胜国[1]松雪、大痴、元镇、叔明诸公，近代唐、沈，及吾家太史、和州辈，皆不藉师资，穷工极致，借使二李复生，边鸾再出，亦何以措手其间。故蓄书必远求上古，蓄画始自顾、张、吴，下至嘉隆名笔，皆有奇观，惟近时点染诸公，则未敢轻议。

【注释】〔1〕胜国：前朝，这里指元朝。

【译文】 书法的优劣应以年代为准，六朝不及魏晋，宋、元不及六朝和唐代。画则不同，佛道、人物、仕女、牛马，近代的不及古代的；山水、林石、花竹、禽鱼，古代的不及近代的。比如顾恺之、陆探微、张僧繇、吴道子及阎立德、阎立本的作品，都厚重清雅、质朴自然；周昉、韩干、戴嵩的作品，气韵骨法，自然灵动，后世学者，无人企及。至于五代时的李成、关仝、范宽、董源、徐熙、黄筌、居寀、米芾父子，元人赵孟頫、黄公望、倪云林、叔明，以及明代唐寅、沈周、文征明、文嘉等人，都不借助师长，而画艺达到了极致。即使唐人李思训、李昭道复活，边鸾再生，也不能与他们相比。因此，收藏书法作品一定要搜寻上古时期的，收藏绘画作品一定要始于顾恺之、陆探微、张僧繇、吴道子，下至明代嘉靖、隆庆年间的名家，其中有不少佳作珍品。现今的画家，则不敢轻易评论。

粉 本

【原文】 古人画稿，谓之"粉本"，前辈多宝蓄之，盖其草草不经意处，有自然之妙，宣和、绍兴所藏粉本，

□ 粉 本

中国古代画家作画时，先以粉笔作底稿，然后才开始正式着笔，这一底稿称为"粉本"。后引申为对一般画稿的称谓。唐代吴道子曾于大同殿画嘉陵江三百余里山水，一天就画完了。玄宗问他为何会如此之快，他回奏道："臣无粉本，并记在心。"粉本的绘画方法有两种：一是用针按画稿墨线密刺小孔，把粉扑入纸、绢或壁上，然后依粉点作画；二是在画稿反面涂以白垩、土粉之类，用簪钗按正面墨线描传于纸、绢或壁上，然后依粉痕落墨。

多有神妙者。

【译文】 古人的画稿，称为"粉本"，前人都爱珍藏，因为随意勾画的草稿，往往蕴涵自然的神韵，宣和、绍兴年间的粉本，有很多神妙之作。

赏 鉴

【原文】 看书画如对美人，不可毫涉粗浮之气，盖古画纸绢皆脆，舒卷不得法，最易损坏，尤不可近风日，灯下不可看画，恐落煤烬，及为烛泪所污；饭后酒余，欲观卷轴，须以净水涤手；展玩之际，不可以指甲剔损；诸如此类，不可枚举。然必欲事事勿犯，又恐涉强作清态，惟遇真能赏鉴，及阅古甚富者，方可与谈，若对伧父辈惟有珍秘不出耳。

【译文】 观赏书画如同面对美女，不能有丝毫轻浮粗俗的念头，因为古画纸、绢很脆，翻动不得法，很容易损坏，尤其不能被风吹日晒，不能在灯下看画，害怕被烟灰、烛泪污损；饭后酒余，要观看卷轴，必须先以清水洗手；翻动书画时，不能用指甲剔刮；诸如此类，不胜枚举，必须处处小心注意。还要谨防那些故作风雅之人，只有遇见真正懂得鉴赏和饱览古代书画之士，才可与他谈论交流，对于粗俗之辈，只能深藏不露。

绢 素

【原文】 古画绢色墨气，自有一种古香可爱，惟佛像有香烟熏黑，多是上下二色，伪作者，其色黄而不精采。古绢，自然破者，必有鲫鱼口，须连三四丝，伪作则直裂。唐绢丝粗而厚，或有捣熟者；有独梭绢，阔四尺余者。五代绢极粗如布。宋有院绢，匀净厚密，亦有独梭绢，阔五尺余，细密如纸者。元绢及国朝内府绢俱与宋绢同。胜国时有宓机绢，松雪、子昭画多用此，盖出嘉兴府宓家，以绢得名，今此地尚有佳者。近董太史笔，多用研光白绫，未免有进贤气。

【译文】 古画的绢、墨有一种特别的古色古香，惹人喜爱，只有佛像画因香烟熏染而呈黑色，且上下部分深浅不同，伪造的古画，虽做成黄色但没有神采。自然破损的古绢，裂口必然参差不齐，总有些许丝缕相连；作假的，裂口齐整。唐代的绢，丝粗而厚，或者是熟绢；也有细薄的"独梭绢"，宽四尺有余。五代的绢，粗厚如布。宋代有"院绢"，匀净厚密，也有"独梭绢"，宽五尺有余，细密如纸。元代绢及明代内府绢，都与宋绢一样。元代还有一种"宓机绢"，赵孟頫和盛懋的画，多用此绢。"宓机绢"，产自嘉兴府宓姓人家，因此得名，现在当地还盛产绢丝品。近代画家董其昌的画作，多用磨光的白绢，难免有士大夫气息。

□ 十二月令图轴之二月
绢本设色 台北故宫博物院藏

绘在绢、绫、丝织物上的字画，称为"绢本"。中国古代称绢为"练"，早在纸发明以前，中国古人就已经开始在绢上写字作画。不过绢的保存时间不长。无论保存得有多好，年代久远的绢都会变得糟脆。百年以上的绢，已经没有韧性了。明代初年的绢，至今已经腐败得不能碰触。而宋代的绢，因裱托得比较好，目前还可见到，至于宋代以前的绢，已经辨不出模样了。

御府书画

【原文】 宋徽宗御府所藏书画，俱是御书标题，后用宣和年号，"玉瓢御宝"记之。题画书于引首[1]一条、阔仅指大，傍有木印黑字一行，俱装池匠花押名款，然亦真伪相杂，盖当时名手临摹之作，皆题为真迹。至明昌所题更多，然今人得之，亦可谓"买王得羊"[2]矣。

【注释】 〔1〕引首：装裱书画时加贴在画心上或下方的纸笺，用于题记。

〔2〕买王得羊：王，王羲之；羊，羊欣，南朝宋的书法家，曾师从王羲之，字极像王书。所以想买王羲之真迹，而得到羊欣的字，虽为仿品，也还不错。

【译文】 宋徽宗皇室收藏的书画，都是他亲笔题记，后用宣和年号，用玉制瓢形御印题记。题记写在书画上一条仅一指宽的引首上，旁边有一行木印黑字，这是装裱工的签名，但也是真伪杂存，因为当时高手的临摹之作，都题为真迹。到了金明昌年间，伪作题为真迹的就更多，但是今人得到它，也算是"买王得羊"了。

院 画

【原文】 宋画院众工，凡作一画，必先呈稿本，然后上真[1]，所画山水、人物、花木、鸟兽，皆是无名者；今国朝内画水陆及佛像亦然，金碧辉灿，亦奇物也。今人见无名人画，辄以形似，填写名款，觅高价，如见牛必戴嵩，见马必韩干之类，殊为可笑。

【注释】 〔1〕上真：正式作画。

【译文】 宋代皇家画院的画工作每一幅画，必须先呈送草稿，然后才上墨色，所画山水、人物、花木、鸟兽，都不知名；当朝内府所画神像及佛像，也无名作，不过，色彩灿烂，金碧辉煌，也还珍奇。今人见无名画作，就按所画题材，填上名家题款，以求高价。如：凡是画牛的一定题名为戴嵩，画马的一定题名为韩干等人，甚为可笑。

单 条

【原文】 宋元古画，断无此式，盖今时俗制，而人绝好之。斋中悬挂，俗气逼人眉睫，即果真迹，亦当减价。

【译文】 宋元古画，绝无条幅这种格式，只因当今时兴，世人特别喜好，所以有人便将条幅冠以古画之名。室

□ 单 条

　　单条，即单幅的条幅，是竖行书写的长条作品。尺寸一般为一张整宣纸对裁。其字幅格式决定其书写内容。条幅内容大都选取一首律诗或一段古文。一般把四尺宣或五尺宣对开书写中等大小字体为宜。楷书条幅一般字的行距宽于字距，也就是说，竖行上下之间字距较小，左右之间行距较宽。落款可写在末行正文的下方，布局时应留出余地。款的底端一般不与正文平齐，以避免形式的死板。也可在正文后面另占一行或两行，上下均不宜与正文平齐。印章要小于款字，盖印一般需离开一字以上位置，也可盖在款字左侧。

内悬挂条幅，俗气逼人，即便是真迹，也要降等减价。

名 家

【原文】 书画名家，收藏不可错杂，大者悬挂斋壁，小者则为卷册，置几案间，邃古篆籀，如钟、张、卫、索、顾、陆、张、吴，及历代不甚著名者，不能具论。

书则右军、大令、智永、虞永兴、褚河南、欧阳率更、唐玄宗、怀素、颜鲁公、柳诚悬、张长史、李怀琳、宋高宗、李建中、二苏、二米、范文正、黄鲁直、蔡忠惠、苏沧浪、黄长睿、薛道祖、范文穆、张即之、文信国、赵吴兴、鲜于伯机、康里子山、张伯雨、倪元镇、杨铁崖、柯丹丘、袁清容、危太朴，我朝则宋文宪濂、中书舍人璲、方逊志孝孺、宋南宫克、沈学士度、俞紫芝和、徐武功有贞、金元玉琮、沈大理粲、解学士大绅，钱文通溥、桑柳州悦、祝京兆允明、吴文定宽、先太史讳、王太学宠、李太仆应祯、王文恪鏊、唐解元寅、顾尚书璘、丰考功坊、先两博士讳、王吏部毅祥、陆文裕深、彭孔嘉年、陆尚宝师道、陈方伯鎏、蔡孔目羽、陈山人淳、张孝廉凤翼、王徵君稚登、周山人天球、邢侍御侗、董太史其昌。又如陈文东璧、姜中书立纲，虽不能洗院气，而亦铮铮有名者。

画则王右丞、李思训父子、周昉、关全、荆浩、董北苑、李营邱、郭河阳、米南宫、宋徽宗、米元晖、崔白、黄筌、居寀、文与可、李伯时、郭忠恕、董仲翔、苏文忠、苏叔党、王晋卿、张舜民、扬补之、扬季衡、陈容、李唐、赵千里、马远、马逵、夏珪、范宽、陈珏、陈仲美、李山、赵松雪、管仲姬、赵仲穆、李息斋、吴仲圭、钱舜举、盛子昭、陆天游、曹云西、唐子华、高士安、高克恭、王叔明、黄子久、倪元镇、柯丹丘、方方壶、王元章、戴文进、王孟端、夏太常、赵善长、陈惟允、徐幼文、张来仪、宋南宫、周东村、沈贞吉、沈恒吉、沈石田、杜东原、刘完庵、先太史、先和州、先五峰、唐解元、张梦晋、周官、谢时臣、陈道复、仇十洲、钱叔宝、陆叔平，皆名笔不可缺者。他非所宜蓄，即有之，亦不当出以示人。又如郑颠仙、张复阳、钟钦礼、蒋三松、张平山、汪海云，皆画中邪学，尤非所尚。

【译文】 名家的书画，也不要收藏得太杂，大幅的悬挂室壁，小幅的集为卷册，置于几案间。古久的大、小篆书，如钟繇、张芝、卫瓘、索靖、顾恺之、陆探微、张僧繇、吴道子，以及历代不甚著名的，不能尽述。

著名书法家有：王羲之、王献之、智永、虞世南、褚遂良、欧阳询、唐明皇、怀素、颜真卿、柳公权、张旭、李怀琳、宋高宗、李建中、苏轼、苏辙、米芾父子、范仲淹、黄庭坚、蔡襄、苏舜钦、黄伯思、薛绍彭、范成大、张即之、文天祥、赵孟頫、鲜于枢、康里子山、张雨、倪瓒、杨维桢、柯九思、袁桷、危素，明代则有宋濂、宋璲、方孝孺、宋克、沈度、俞和、徐有贞、金琮、沈粲、解缙、钱溥、桑悦、祝允明、吴宽、文征明、王宠、李应祯、王鏊、唐寅、顾璘、丰坊、文彭、文嘉、王榖祥、陆深、彭年、陆师道、陈鎏、蔡羽、陈淳、张凤翼、王稚登、周天球、邢侗、董其昌。又如陈璧、姜立纲，虽然不能去除画院气，但也是铮铮有名的人。

著名画家有：王维、李思训父子、周昉、关全、荆浩、董源、李成、郭熙、米芾、宋徽宗、米友仁、崔白、黄筌、黄居寀、文同、李公麟、郭忠恕、董羽、苏轼、苏过、王诜、张舜民、扬无咎、扬季衡、陈容、李唐、赵伯驹、马远、马逵、夏珪、范宽、陈珏、陈琳、李山、赵孟頫、管仲姬、赵仲穆、李衎、吴镇、钱选、盛子昭、陆天游、曹云西、唐子华、高士安、高克恭、王叔明、黄公望、倪瓒、柯九思、方方壶、王冕、戴进、王绂、夏昶、赵原、陈汝言、徐贲、张来仪、宋克、周臣、沈贞吉、沈恒吉、沈周、杜东原、刘珏、文征明、文嘉、文彭、唐寅、张梦晋、周官、谢时臣、陈淳、仇英、钱榖、陆治，都是名家，不可缺少。其他的都不宜收藏，即便有，也不宜拿出来展示。又如郑颠仙、张复、钟礼、蒋松、张路、汪肇，都是绘画中的歪门邪道，更不能崇尚。

宋绣　宋刻丝

【原文】 宋绣，针线细密，设色精妙，光彩射目；山水分远近之趣，楼阁得深邃之体，人物具瞻眺生动之情；花鸟极绰约嚵唼之态，不可不蓄一二幅，以备画中一种。

【译文】 宋绣，针线细密，设色精妙，光彩夺目，山水远近分明，楼阁深邃悠远，人物顾盼生辉，花鸟风姿绰

□ **宋绣**

又称"汴绣"，北宋皇室还成立了专门的刺绣作坊文绣院，选聘各地绣工入院授艺。宋绣针法细密，色彩秀丽，当时皇帝的龙袍、官员的朝服，皆为宋绣精品。明屠隆《画笺》记载："宋之闺秀书，山水人物，楼台花鸟，针线细密，不露边缝，其用绒一二丝，用针如发细者为之。"宋绣针对不同图像图案特点，发明了不同的针法，如滚针绣，用来绣水纹、云彩、柳条；散套绣又名"掺针"，适合绣花鸟动物等；纳点绣则宜绣写意花卉等。

① **滚针**

滚针，即曲针，以针针逼紧而绣，第二针插入第一针中部偏前一些，将针脚藏于线下，第三针接第一针针尾偏前。适宜绣制走兽的须、眉，人物的头发，衣服的褶纹和细狭的图案纹样等。两线紧扣，成条纹，线条转折比较灵活。无论绣直线、曲线都比较恰当。此鹰眼圈即采用了滚针绣法。

② **施毛针**

施毛针在刺绣中是一种传统的辅助针法。用稀针成排绣制，先在绣面横一线条，再由距离相等的线条排列组成。有三种排列形式：一是施毛线条齐整的（一般使用于鸟的翅膀上）；二是施毛线条长短间隔的（可用于蝴蝶翅膀上）；三是施毛线条呈波浪形的（可用于蝴蝶翅膀上）。

③ **扎针**

扎针也是一种传统的辅助针法。即在直针上加横针，如同捆扎东西一样，使其纹路清晰，一般适宜绣制荔枝的花纹，鹰、鸡和其他家禽的脚。针法组织较简单，主要根据动植物斑纹形状，表现出它的特征。

约。宋绣作为绘画中的一种，不能不收藏一两幅。

法 糊

【原文】 法糊，用瓦盆盛水，以面一斤渗水上，任其浮沉，夏五日，冬十日，以臭为度；后用清水蘸白芨半两、白矾三分，去滓和元浸面打成，就锅内打成团，另换水煮熟，去水，倾置一器，候冷，日换水浸，临用以汤调开，忌用浓糊及敝帚。

【译文】 调制装裱用的糨糊的方法是，用瓦盆盛水，将一斤面粉倒入，让它自然沉浮，夏季五天，冬季十天，以发酵酸臭为度；然后，用白芨半两、白矾三分清水浸泡，去掉渣滓，与发酵的面粉和成面团，另换清水在锅里煮熟，去掉水，把面糊倒入一容器，冷却成团后，浸泡在水中，每天换水，需用时，用热水调化，忌用浓稠糨糊和劣质帚刷。

装 潢

【原文】 装潢书画，秋为上时，春为中时，夏为下时，暑湿及沍寒俱不可装裱。勿以熟纸，背必皱起，宜用白滑漫薄大幅生纸，纸缝先避人面及接处，若缝缝相接，则卷舒缓急有损，必令参差其缝，则气力均平，太硬则强急，太薄则失力；绢素彩色重者，不可捣理[1]。古画有积年尘埃，用皂荚清水数宿，托于太平案扦去，画复鲜明，色亦不落。补缀之法，以油纸衬之，直其边际，密其陬缝，正其经纬，就其形制，拾其遗脱，厚薄均调，润洁平稳。又凡书画法帖，不脱落，不宜数装背，一装背，则一损精神。古纸厚者，必不可揭薄。

【注释】 〔1〕捣理：装裱的一道工艺。书画裱糊后，用大而平的鹅卵石摩擦裱褙，使其熨帖平整。

◎书画装裱

　　装裱也叫"装背"，即用各种绫锦纸绢对书画碑帖作品进行保护、美化的一种专业技术。在绢素或宣纸上所作的书画，因墨的胶质作用，在书画后纸面往往皱折不平，而且极易破碎，但经过托裱，可以使画面平贴，不仅可以保护画面，而且可以令笔墨、色彩更加突出，增加作品的艺术性。

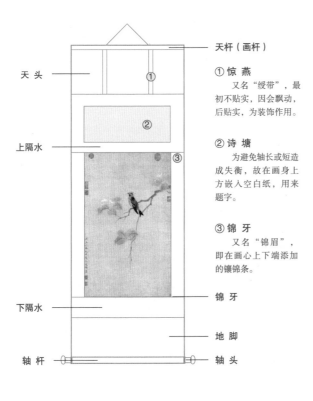

天杆（画杆）

天头

上隔水

下隔水

轴杆

① 惊 燕
　　又名"绶带"，最初不贴实，因会飘动，后贴实，为装饰作用。

② 诗 塘
　　为避免轴长或短造成失衡，故在画身上方嵌入空白纸，用来题字。

③ 锦 牙
　　又名"锦眉"，即在画心上下端添加的镶锦条。

锦 牙

地 脚

轴 头

□ 立 轴
　　立轴为中国传统书画装裱中最常见的装裱形式。装裱尺寸大小不同，四尺以上者为"大轴"，又名"中堂"；特大者为"大堂"或"大中堂"；三尺以下为"立轴"。常用绫、色纸、绢等装裱材料。

包首

复背

□ 卷 轴
　　卷轴又称"长卷""手卷""横卷"。所谓"卷"，是指横长状的装裱样式，可以展开欣赏，收卷后体积较小，易于携带。手卷的结构依次为：引首、前隔水、画心、后隔水、拖尾，背面还有包首、题签等。右图中，上为展开的手卷，下为收卷的手卷。

拖尾　　后隔水　　面心　　前隔水　　引首

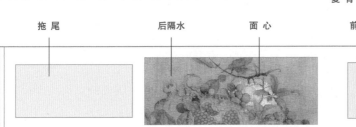
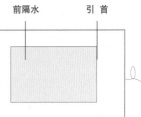

【译文】 装裱书画，秋季最佳，春季稍次，夏季更次，闷热潮湿和寒冷干燥的时节都不能装裱。熟纸装裱，必然起皱，不可用，宜用光滑细薄的大幅生纸。装裱时，衬纸的接缝应避开人物面部和画纸的接头，画与衬的接缝一定要错开，如重叠在一起，容易在翻卷舒展中破损。装裱时，用力要均匀适度，太重容易损伤，太轻则贴不实；色彩浓重的绢素，不能捣理。积有多年尘埃的古画，用皂角水洗涤后，用清水浸泡几天，然后摊在裱台上轻轻剔除积垢，画就能恢复鲜明原貌，却不褪色。修补破损的方法是，将画放在油纸上，修齐破损的边口，接口严丝合缝，端正方位，保持原来规格，填补缺损内容，调整厚薄，使其光洁平整。没有脱落的书画，不要重新装裱，每裱糊一次，就受损一次。原来纸张厚的，一定不能揭层。

装潢定式

【原文】 上下天地须用皂绫龙凤云鹤等样，不可用团花及葱白、月白二色。二垂带[1]，用白绫，阔一寸许，乌丝粗界画二条，玉池[2]白绫亦用前花样。书画小者须挖嵌，用淡月白画绢，上嵌金黄绫条，阔半寸许，盖宣和裱法，用以题识，旁用沉香皮条边；大者四面用白绫，或单用皮条边亦可。参书[3]有旧人题跋，不宜剪削，无题跋则断不可用。画卷有高头者不须嵌，不则亦以细画绢挖嵌。引首须用宋经笺、白宋笺及宋、元金花笺，或高丽茧纸、日本画纸俱可。大幅上引首五寸，下引首四寸，小全幅上引首四寸，下引首三寸，上褾除撅竹[4]外，净二尺，下褾[5]除轴净一尺五寸，横卷氏二尺者，引首阔五寸，前褾阔一尺，余俱以是为率。

【注释】 〔1〕垂带：指立轴画卷中从上端横杆垂吊而下的带子。

〔2〕玉池：古代卷轴在卷首镶贴的一条绫。

〔3〕参书：镶贴在画心两旁，用作题跋的笺纸。

〔4〕撅（yè）竹：书画裱件上的天杆。撅，古同"擪"，意为用手指按压。

〔5〕下襟（biǎo）：画心之外的装裱。立轴分为上、下裱；横卷分为前、后裱。

【译文】 书画重新装裱有一定格式，立轴的上下天地，应用黑色的绫和龙凤云鹤等图样，不可用团花和葱白、月白二色。两条垂带要用白绫，宽一寸左右，黑色粗直线两条，卷首的玉池白绫也用前面的图样。小尺寸的书画应挖嵌装裱，用淡月白色的画绢作裱褙，上方镶上半寸宽的金黄色绫条，用作题记，旁边用沉香皮镶边，这是宣和裱法；大尺寸的书画，四周用白绫，或者另用皮镶边。参书上有旧题跋的，不能剪裁，无题跋的，务必裁掉。画卷有高头的，不必镶嵌，否则也应用细画绢挖嵌。引首要用宋经笺、白宋笺、宋元金花笺，或高丽茧纸、日本画纸都可以。大幅书画的上引首五寸，下引首四寸；小全幅上引首四寸，下引首三寸；上裱除去上轴外，净二尺，下裱除去下轴外，净一尺五寸。横卷长二尺的，引首宽五寸，前裱宽一尺，其他的都照此比例。

裱 轴

【原文】 古人有镂沉檀为轴身，以裹金、鎏金、白玉、水晶、琥珀、玛瑙、杂宝为饰，贵重可观，盖白檀香洁去虫，取以为身，最有深意。今既不能如旧制，只以杉木为身。用犀、象、角三种，雕如旧式，不可用紫檀、花梨、法蓝诸俗制。画卷须出轴[1]，形制既小，不妨以宝玉为之，断不可用平轴[2]。签以犀、玉为之；曾见宋玉签半嵌锦带内者，最奇。

【注释】 〔1〕出轴：轴头露出画外的，叫出轴。
〔2〕平轴：轴与画平齐，外加贴片的，叫平轴。

【译文】 古人刻沉香或檀香木做画轴的轴身，用包金、镀金、白玉、水晶、琥珀、玛瑙等装饰，美观而贵重；白檀木香气可杀虫，用作轴身最为实用。现在已经不能按古法制作，只能用杉木做轴身了。轴头用犀牛角、象牙、牛角刻成旧时样式，不可用紫檀木、花梨木、珐琅等制作。画卷应出轴，规格小的，不妨用宝玉做，绝不可用平轴。签子用犀牛角、玉石做；曾见过宋代的玉石签半嵌在锦带里，非常奇特。

裱 锦

【原文】 古有樗蒲锦[1]、楼阁锦、紫驼花锦、莺鹊锦、朱雀锦、凤凰锦、走龙锦、翻鸿锦，皆御府中物；有海马锦、龟纹锦、粟地锦、皮球锦，皆宣和绫，及宋绣花鸟、山水，为装池卷首，最古。今所尚落花流水锦，亦可用；惟不可用宋缎，及纻绢等物。带用锦带，亦有宋织者。

【注释】 [1]樗蒲锦：传统丝织纹饰之一。樗蒲，古代一种赌具。樗蒲锦，就是以樗蒲之形，两尾削尖，中间宽阔为图案纹样的彩锦。

【译文】 古代有樗蒲锦、楼阁锦、紫驼花锦、莺鹊锦、朱雀锦、凤凰锦、走龙锦、翻鸿锦，都是帝王府库中的物品。有海马锦、龟纹锦、粟地锦、皮球锦，都是宋代宣和年间所织的绫，以及宋代所绣的花鸟、山水，用来装裱古籍或书画的卷首，最具古意。现在流行的落花流水锦，也可以使用；只是不可以用宋缎及纻绢等物品。带用锦带，也有用宋代所织的锦带的。

藏 画

【原文】 以杉、杪木为匣，匣内切勿油漆、糊纸，恐惹霉湿，四五月，先将画幅幅展看，微见日色，收起入

□ **古人收藏书画**

书画类文物保护难度较大，收藏稍有不当，就会损坏品相。根据其材质特点以及收藏者的经验介绍，收藏书画一般要注意五个方面：一忌污染，二忌生霉，三忌虫蛀，四忌光照，五忌潮湿。如此一来，就要有专门收藏书画的器具。古人收藏字画多用精致的画匣。画匣选材要精，常用樟木，要避免木材中的油性物污染纸张。画匣一般采用多层材料复合，外层为樟木，中层为楠木，里层为上等丝绸。画的外面还要用布包裹。在画匣内放置书画时，要平放，不可竖放或无次序捆绑或扎堆。书画放好后，画匣要置于一丈以上的高处，避免污染、受潮。梅雨季节要将画取出，展开后稍微晾晒一下，避免生霉。

匣，去地丈余，庶免霉白。平时张挂，须三五日一易，则不厌观，不惹尘湿，收起时，先拂去两面尘垢，则质地不损。

【译文】 装画的匣子用杉木、桫椤木做成，匣子里面切勿用油漆、糊纸，以防生霉，四五月间，将画取出，一一展开，微微晾晒一下，即收入匣内，搁置在一丈以上高处，可免生白霉。平时张挂，应三五天更换一次，不至厌烦腻味、沾染灰尘湿气，收起时，拂去两面的尘垢，就不会损伤画卷。

小画匣

【原文】 短轴作横面开门匣，画直放入，轴头贴签，标写某书某画，甚便取看。

【译文】 装短轴的画匣子做成横面开门的，画可直接放入，轴头贴上标签，标明书画名称，便于拿取观看。

卷 画

【原文】 须顾边齐，不宜局促，不可太宽，不可着力卷紧，恐急裂绢素，拭抹用软绢细细拂之，不可以手托起画背就观，多致损裂。

【译文】 卷画时，应两边对齐，松紧适度，不能卷得太紧，以防断裂。擦拭时，用软绢细细拂抹。不能用手托着画背看画，这样容易使画裂损。

法 帖

【原文】 历代名家碑刻，当以《淳化阁帖》压卷，侍书王著勒，末有篆题者是。蔡京奉旨摹者，曰《太清楼帖》；僧希白所摹者，曰《潭帖》；尚书郎潘师旦所摹者，曰《绛帖》；王寀辅道守汝州所刻者，曰《汝帖》；宋许提举刻于临江者，曰《二王帖》；元祐中刻者，曰《秘阁续帖》；淳熙年刻者，曰《脩内司本》；高宗访求遗书，于淳熙阁摹刻者，曰《淳熙秘阁续帖》；后主命徐铉勒石，在淳化之前者，曰《升元帖》；刘次庄摹阁帖，除去篆题年月，而增入释文者，曰《戏鱼堂帖》；武冈军重摹绛帖，曰《武冈帖》；上蔡人临摹《绛帖》，曰《蔡州帖》；曹彦约于南康所刻，曰《星凤楼帖》；庐江李氏所刻，曰《甲秀堂帖》；黔人秦世章所刻，曰《黔江帖》；泉州重摹阁帖，曰《泉帖》；韩平原所刻，曰《群玉堂帖》；薛绍彭所刻，曰《家塾帖》；曹之格日新所刻，曰《宝晋斋帖》；王庭筠所刻，曰《雪溪堂帖》；周府所刻，曰《东书堂帖》。吾家所刻，曰《停云馆帖》《小停云馆帖》；华氏所刻，曰《真赏斋帖》；皆帖中名刻，摹勒皆精。

又如历代名帖，收藏不可缺者，周、秦、汉则史籀篆《石鼓文》、坛山石刻，李斯篆泰山、朐山、峄山诸碑，《秦誓》（《诅楚文》），章帝《草书帖》，蔡邕《淳于长夏承碑》《郭有道碑》《九嶷山碑》《边韶碑》《宣父碑》《北岳碑》，崔子玉《张平子墓碑》，郭香察隶《西岳华山碑》《周府君碑》。魏帖则钟元常《贺捷表》《大飨碑》《荐季直表》《受禅碑》《上尊号碑》《宗圣侯碑》。吴帖则《国山碑》。晋帖则《兰亭序》《笔阵图》《黄庭经》《圣教序》《乐毅论》《东方朔赞》《洛神赋》《曹娥碑》《告墓文》《摄山寺碑》《裴雄碑》《兴福寺碑》《宣示帖》《平西将军墓铭》《梁思楚碑》，羊祜《岘山碑》，索靖《出师颂》。宋、齐、梁、陈帖则《宋文帝神道碑》，齐倪珪《金庭观碑》，梁萧子云《章草出师颂》《茅君碑》《瘗鹤铭》，刘灵《堕泪碑》，陈智永《真行二体千文》《草书兰亭》。魏、齐、周帖则有魏刘玄明《华岳碑》，裴思顺《教戒经》；北齐王思诚《八分蒙山碑》《南阳寺隶书碑》《天柱山铭》；后周《大宗伯唐景碑》。隋帖则有《开皇兰亭》，薛道衡书《尒朱敞碑》《舍利塔铭》《龙藏寺碑》。唐帖：欧书则《九成宫铭》《房定公墓碑》《化度寺碑》《皇甫君碑》《虞恭公碑》《真书千文小楷》《心经》《梦奠帖》《金兰帖》，虞书则《夫子庙堂碑》《破邪论》《宝昙塔铭》《阴圣道场碑》《汝南公主铭》《孟法师碑》，褚书则《乐毅论》《哀州文》《忠贤像赞》《龙马图赞》《临摹兰亭》《临摹圣教》《阴符经》《度人经》，柳书则《金刚经》《玄秘塔铭》，颜书则《争坐位帖》《麻姑仙坛记》《二祭文》《家庙碑》《元次山碑》《多宝寺碑》《放生池碑》《射堂记》《北岳庙碑》《草书千文》《磨崖碑》《干禄子帖》，怀素书则《自叙三种》《草书千文》《圣母帖》《藏真律公二帖》，李北海书则《阴符经》《娑罗树碑》《曹娥碑》《秦望山碑》《臧怀亮碑》《有道先生叶公碑》《岳麓寺碑》《开元寺碑》《荆门行》《云麾将军碑》《李思训碑》《戒坛碑》，太宗书《魏征碑》《屏风帖》，高宗书《李碑》，玄宗书《一行禅师塔铭》《孝经》《金仙公主碑》，孙过庭《书谱》，丹阳县《延陵季子二碑》，柳公绰《诸葛庙堂碑》，李阳冰《篆书千文》《城隍庙碑》《孔子庙碑》，欧阳通《道因禅师碑》，薛稷《升仙太子碑》，张旭《草书千文》，僧行敦《遗教经》。南唐则有杨元鼎《紫阳观碑》，宋则苏、黄诸公，如《洋州园池》《天马赋》等类。元则赵松雪。国朝则二宋诸公，所书佳者，亦当兼收，以供赏鉴，不必太杂。

【译文】 历代名家碑刻，首推《淳化阁帖》，由宋代翰林学士王著临摹刊刻，末尾有篆题。蔡京奉旨临摹的，叫《太清楼帖》；僧人希白临摹的，叫《潭帖》；尚书潘师旦临摹的，叫《绛帖》；王辅道任汝州太守时摹刻的，叫《汝帖》；宋许提举在临江刻的，叫《二王帖》；宋元祐年刻的，叫《秘阁续帖》；宋淳熙年刻的，叫《脩内司本》；宋高宗搜寻遗留下来的晋、唐墨迹，于淳熙阁摹刻的，叫《淳熙秘阁续帖》；南唐后主命徐铉刻成的，在宋淳化年之前，叫《升元帖》；宋刘次庄摹刻临摹《淳化阁帖》，删除篆题年月，增加释文的刻本，叫《戏鱼堂帖》；武冈军重新摹刻的绛帖，叫《武冈帖》；上蔡人临摹《绛帖》，叫《蔡州帖》；宋曹彦约在南康刻的，叫《星凤楼帖》；庐江李氏所刻，叫《甲秀堂帖》；黔人秦世章所刻，叫《黔江帖》；泉州重摹阁帖，叫《泉帖》；韩平原所刻，叫《群玉堂帖》；薛绍彭所刻，叫《家塾帖》；曹之格创新所刻，叫《宝晋斋帖》；王庭筠所刻，叫《雪溪堂帖》；明代周宪王所刻，叫《东书堂帖》。文震亨家所刻，叫《停云馆帖》《小停云馆帖》；明华夏所刻，叫《真赏斋帖》；这些都是碑帖中的知名刻本，摹刻得都很精致。

历代名帖，收藏不可或缺的有：周、秦、汉三代的史籀的篆文《石鼓文》、坛山石刻，李斯的泰山、朐山、峄山等篆体碑文，《秦誓》（《诅楚文》），章帝《草书帖》，蔡邕《淳于长夏承碑》《郭有道碑》《九嶷山碑》

《边韶碑》《宣父碑》《北岳碑》，崔子玉《张平子墓碑》，郭香察隶书《西岳华山碑》《周府君碑》，魏帖有钟元常（钟繇）《贺捷表》《大飨碑》《荐季直表》《受禅碑》《上尊号碑》《宗圣侯碑》。吴帖有《国山碑》。晋帖有《兰亭记》《笔阵图》《黄庭经》《圣教序》《乐毅论》《东方朔赞》《洛神赋》《曹娥碑》《告墓文》《摄山寺碑》《裴雄碑》《兴福寺碑》《宣示帖》《平西将军墓铭》《梁思楚碑》，羊祜《岘山碑》，索靖《出师颂》。宋、齐、梁、陈帖则有《宋文帝神道碑》，齐倪珪《金庭观碑》，梁朝萧子云《章草出师颂》《茅君碑》《瘗鹤铭》，刘灵《堕泪碑》，陈智永《真行二体千文》《草书兰亭》。魏、齐、周帖有魏刘玄明《华岳碑》，裴思顺《教戒经》，北齐王思诚《八分蒙山碑》《南阳寺隶书碑》《天柱山铭》，后周《大宗伯唐景碑》。隋帖有《开皇兰亭》，薛道衡书《佘朱敞碑》《舍利塔铭》《龙藏寺碑》。唐帖：欧书有《九成宫铭》《房定公墓碑》《化度寺碑》《皇甫君碑》《虞恭公碑》《真书千文小楷》《心经》《梦奠帖》《金兰帖》，虞书有《夫子庙堂碑》《破邪论》《宝昙塔铭》《阴圣道场碑》《汝南公主铭》《孟法师碑》，褚书有《乐毅论》《哀州文》《忠贤像赞》《龙马图赞》《临摹兰亭》《临摹圣教》《阴符经》《度人经》，柳书有《金刚经》《玄秘塔铭》，颜书有《争坐位帖》《麻姑仙坛记》《二祭文》《家庙碑》《元次山碑》《多宝寺碑》《放生池碑》《射堂记》《北岳庙碑》《草书千文》《磨崖碑》《干禄子帖》，怀素书有《自叙三种》《草书千文》《圣母帖》《藏真律公二帖》，李北海书有《阴符经》《娑罗树碑》《曹娥碑》《秦望山碑》《臧怀亮碑》《有道先生叶公碑》《岳麓寺碑》《开元寺碑》《荆门行》《云麾将军碑》《李思训碑》《戒坛碑》，太宗书有《魏徵碑》《屏风帖》，高宗书有《李碑》，玄宗书有《一行禅师塔铭》《孝经》《金仙公主碑》，孙过庭《书谱》，丹阳县《延陵季子二碑》，柳公绰《诸葛庙堂碑》，李阳冰《篆书千文》《城隍庙碑》《孔子庙碑》，欧阳通《道因禅师碑》，薛稷《升仙太子碑》，张旭《草书千文》，僧人行敦《遗教经》。南唐则有杨元鼎《紫阳观碑》。宋则有苏、黄诸公，如《洋州园池》《天马赋》等。元则有赵孟頫。明代则有宋克、宋广等人，其中的好书帖，也应收藏一些，以供鉴赏，但不必太杂。

南北纸墨

【原文】 古之北纸，其纹横，质松而厚，不甚受墨；北墨（多用松烟），色青而浅，不和油蜡，故（北拓）色淡而纹皱，（如薄云之过青天），谓之（夹纱作）"蝉翅拓"。南纸其纹竖，（南墨）用油（烟及）蜡，故（南拓）色纯黑而有浮光，谓之"乌金拓"。

【译文】 古代的北纸，纸纹横平，质地疏松、粗厚，不太吸墨；北墨多用松烟制成，色泽浅黑，不融合于油蜡，所以，北拓墨色浅淡而多皱纹，像薄云飘过天空，被称为"蝉翅拓"。南纸，纸纹竖直，南墨用油烟及蜡制成，因此，南拓色泽浓黑发亮，称为"乌金拓"。

古今帖辨

【原文】 古帖历年久而裱数多，其墨浓者，坚若生漆，纸面光彩如砑，并无沁墨水迹侵染，且有一种异馨，发自纸墨之外。

【译文】 古代书帖历年经久且经多次裱糊，其中墨色浓重的，坚实如生漆，纸面光滑如经过研磨，毫无墨汁浸染痕迹，还有一种发自纸墨之外的特殊香味。

装 帖

【原文】 古帖宜以文木薄一分许为板，面上刻碑额卷数；次则用厚纸五分许，以古色锦或青花白地锦为面，不可用绫及杂彩色；更须制匣以藏之，宜少方阔，不可狭长、阔狭不等，以白鹿纸镶边，不可用绢。十册为匣，大小如一式，乃佳。

【译文】 古帖应用一分厚的细木板装订成册，木板上刻写碑帖卷数；稍差一点，就用五分厚纸装订，用古色锦或青花白地锦作封面，不可用绫和其他颜色作封面；还要做匣子存放书帖，匣子要做得方正一些，不可狭而长、宽窄不当，用白鹿纸镶边，不要用绢镶边。十册装一个匣子，大小一致最好。

宋 板

【原文】 藏书贵宋刻，大都书写肥瘦有则，佳者有欧、柳笔法，纸质匀洁，墨色清润；至于格用单边，字多讳笔[1]，虽辨证之一端，然非考据要诀也。书以班、范二书及《左传》《国语》《老》《庄》《史记》《文选》，诸子为第一，名家诗文、杂记、道释等书次之。纸白板新，绵纸[2]者为上，竹纸活衬[3]者亦可观，糊背[4]批点，不蓄可也。

【注释】 〔1〕讳笔：古人为避讳，书写时采取缺笔等方法，称为讳笔。
〔2〕绵纸：宣纸或树皮纸。
〔3〕活衬：古书的书页是折叠而成的，在折页中间插入较硬的纸作衬，称为"活衬"。
〔4〕糊背：另用纸作托背。

【译文】 藏书以宋代刻本为贵，宋代刻本的书写大都粗细有度，其中佳品有：欧阳询、柳公权的笔法，纸质匀净，墨色润泽；至于格用单边，用字多用讳笔，这点也可作辨别的参考，但并不是考证的根本依据。收藏书籍，以班固的《汉书》，范晔的《后汉书》以及《左传》《国语》《老子》《庄子》《史记》以及《文选》，诸子百家著作为第一；名家诗文、杂记、道教、佛教等书次之。书籍的质量，以纸张细白、版面清新，用绵纸的为上等，竹纸作活衬的也不错，加有糊背、批语圈点的，不收藏也罢。

悬画月令

【原文】 岁朝宜宋画福神及古名贤像；元宵前后宜看灯、傀儡，正二月宜春游、仕女、梅、杏、山茶、玉兰、桃、李之属；三月三日，宜宋画真武像；清明前后宜牡丹、芍药；四月八日，宜宋元人画佛及宋绣佛像；十四宜宋画纯阳像；端午宜真人、玉符〔1〕，及宋元名笔端阳景、龙舟、艾虎、五毒〔2〕之类；六月宜宋元大楼阁、大幅山水、蒙密树石、大幅云山、采莲、避暑等图；七夕宜穿针乞巧〔3〕、天孙织女、楼阁、芭蕉、仕女等图；八月宜古桂、或天香、书屋等图；九、十月宜菊花、芙蓉、秋江、秋山、枫林等图；十一月宜雪景、蜡梅、水仙、醉杨妃等图；十二月宜钟馗、迎福、驱魅、嫁妹；腊月廿五，宜玉帝、五色云车等图；至如移家则有葛仙移居等图；称寿则有院画寿星、王母等图；祈晴则有东君〔4〕；祈雨则有古画风雨神龙、春雷起蛰〔5〕等图；立春则有东皇太乙等图，皆随时悬挂，以见岁时节序。若大幅神图，及杏花燕子、纸帐梅、过墙梅〔6〕、松柏、鹤鹿、寿星之类，一落俗套，断不宜悬。至如宋元小景，枯木、竹石四幅大景，又不当以时序论也。

【注释】 〔1〕真人、玉符：真人，道家所称修真得道、成仙之人；玉符，玉石的神符。

□ 悬画月令

古人讲究生活情趣，家中悬画，随月令不同而更换。一则避免字画挂得久了，纸质风化变脆，二是有新鲜感又能应四时景色变化。

〔2〕艾虎、五毒：艾虎，艾草做的香袋，其形如虎，旧时端午佩带，以辟邪；五毒，指蛇、蝎、蜈蚣、壁虎和蟾蜍，古人称这五种毒虫为五毒。

〔3〕穿针乞巧：旧时，七夕之夜，女子都要趁夜穿针引线，取向织女乞求智巧之意。

〔4〕东君：指太阳神。

〔5〕风雨神龙、春雷起蛰：指古代画龙的佳作。

〔6〕纸帐梅、过墙梅：纸帐梅，画在纸帐上的梅花；过墙梅，越过墙头的梅花。

【译文】 正月初一，宜挂宋代福神画及古代圣贤画像；元宵前后，宜挂描绘观灯看戏场景的图画；正月二月，宜挂春游、仕女，及梅、杏、山茶、玉兰、桃、李之类绘画；三月三日，宜挂宋画真武神像；清明前后，宜挂牡丹、芍药；四月八日，宜挂宋元人画佛像及宋代刺绣佛像；四月十四日，宜挂宋画纯阳（吕洞宾）像；端午，宜挂真人、玉符，及宋元名家所画端阳、龙舟、艾虎、五毒之类；六月，宜挂宋元大阁楼、大幅山水、茂密树石、大幅云山、采莲、避暑等图画；七夕，宜穿针乞巧、天仙织女及楼阁、芭蕉、仕女等画图；八月，宜古桂、天香、书屋等图画；九、十月，宜菊花、芙蓉、秋水、秋山、枫林等绘画；十一月，宜雪景、蜡梅、水仙、山茶等花卉画；十二月，宜挂钟馗神像、驱除鬼魅和迎福、婚嫁等图画；腊月二十五日，宜挂玉皇大帝像、神仙驾车等图画；至于迁居则可挂葛仙迁居等图；祝寿则可挂宫廷画院的寿星画、西王母图等；祈求天晴，有东君画像；祈求下雨，有风雨神龙、春雷起蛰等图；立春日，宜挂春神东皇画像。总之，应随时令选择不同画图，体现时节更替次序。像大幅神图及杏花燕子、纸帐梅、过墙梅、松柏、鹤鹿、寿星之类图画，全都落入俗套，当然不适合悬挂。至于宋元小景，如枯木、竹石，及四幅大景，则可不拘节令时序。

卷六·几榻

　　古人制几榻，虽长短广狭不齐，置之斋室，必古雅可
爱，又坐卧依凭，无不便适。燕衎之暇，以之展经史，阅
书画，陈鼎彝，罗肴核，施枕簟，何施不可。今人制作，
徒取雕绘文饰，以悦俗眼，而古制荡然，令人慨叹实深。

【原文】古人制几榻〔1〕，虽长短广狭不齐，置之斋室，必古雅可爱，又坐卧依凭，无不便适。燕衎〔2〕之暇，以之展经史，阅书画，陈鼎彝〔3〕，罗肴核〔4〕，施枕簟〔5〕，何施不可。今人制作，徒取雕绘文饰，以悦俗眼，而古制荡然，令人慨叹实深。志《几榻第六》。

【注释】〔1〕几榻：靠几与卧榻。

〔2〕燕衎（kàn）：宴饮行乐。

〔3〕鼎彝：古代祭器，上面多刻着表彰有功人物的文字。

〔4〕肴核：肉类和果类食品。

〔5〕枕簟（diàn）：枕头和席子。

【译文】古人制作几、榻，长短、宽窄不一，但安放于居室，都追求古雅美观，而且，坐卧依靠，都很方便、舒适。茶余饭后，在此阅览古籍，观赏书画，陈列文物，摆设菜肴果蔬，躺卧歇息，都可以。现今制作的，只求雕绘装饰，以取悦世俗时尚，古时形制荡然无存，实在令人叹惜。

榻

【原文】座高一尺二寸，屏高一尺三寸，长七尺有奇，横三尺五寸，周设木格，中贯湘竹，下座不虚，三面靠背，后背与两傍等，此榻之定式也。有古断纹〔1〕者，有元螺钿〔2〕者，其制自然古雅。忌有四足，或为螳螂腿，下承以板，则可。近有大理石镶者，有退光朱黑漆中刻竹树、以粉填者，有新螺钿者，大非雅器。他如花楠、紫檀、乌木、花梨，照旧式制成，俱可用。一改长大诸式，虽曰美观，俱落俗套。更见元制榻，有长一丈五尺，阔二尺余，上无屏者，盖古人连床夜卧，以足抵足，其制亦古，然今却不适用。

【注释】〔1〕古断纹：旧的断纹。《洞天清录》："凡漆器无

◎榻的式样

榻有卧榻和坐榻两种，卧榻长而宽，坐榻仅能容身，有供一人用的，也有供两人用的。《通俗文》说："榻者，言其塌然迈地也。"又说："床三尺五日榻，板独坐日枰，八尺日床。"东汉时的一尺约为24厘米。

① 螺 钿

一种装饰工艺，源于商代青铜器镶嵌绿松石的工艺。螺钿多采用螺蛳壳或贝壳镶嵌于漆器、硬木家具、镂雕器物表面，以富有光泽的花纹和图形出现。此榻遍饰由螺钿镶嵌组成的花鸟禽兽图案。

红木嵌螺钿三屏式榻　清代
（长157cm，宽56cm，背高82cm，座高48cm）

② 牙 板

牙板一般是指家具中面框之下用于连接两腿之间的部件，在束腰类型的家具上牙板主要连接束腰以下的部位。此榻牙板宽大，造型别致，采用如意云头为主的造型曲线，以及螺钿镶嵌的花草图案都为榻的整体造型增加了美感。

③ 材 质

明清时期家具多采用一种稀有的硬木质材料，即红木。红木，并非指某一特定树种，而是具有一定类似特点的家具材质的统称。其特点大概有以下四类：一、材质较硬，强度高，有较好的耐磨性，耐久性强；二、颜色偏深，有古色古香的传统家具气质；三、木质重，给人稳实感；四、材质本身有香味，以檀木最为明显。

④ 攒 框

攒框是我国古代传统木工工艺在家具形体结构上的一大发明，为明清时期家具工艺术语。其基本方法是将家具构造中作为坐或躺之用的"心板"，装入采用45°格角榫结构的带有通槽的边框内。这种攒边做法的形体结构能够始终保持以框架为主体。此榻即采用攒边做法，将榻面的心板装入边框内。

⑤ 腿 足

明式家具的腿足中，直足最为简单，此外鼓腿膨牙、三弯腿等兜转的腿足线条流畅，刚柔相济。清中后期则矫揉造作，多作无意义的弯曲。此榻虽为直腿，但红木材质的厚重感，以及螺钿工艺的装饰，使榻在整体造型上体现出结实、利落的线条美感。

美人榻　清代

铁梨木榻　清代

断纹而琴独有之者，盖他器用布漆而琴独不用，他器安闲而琴日夜为弦所激。"

〔2〕元螺钿：元代的螺钿，与下文的新螺钿相对。螺钿是一种将各种螺贝壳磨制后，镶嵌在家具器物表面的装饰工艺。

【译文】 榻座高一尺二寸，靠背一尺三寸，长七尺出头，宽三尺五寸，周围设置木栏杆，其中铺设斑竹，床脚不摇晃，三面有靠背，后面和两旁的靠背相等，这是榻的定式。有古断纹的，有元螺钿的，样式自然古雅。榻不要做成四只脚，或做成螳螂腿形状，下面用木板支撑即可。近年出现有大理石镶嵌的，也有漆上退光朱黑漆，后在漆面刻画竹树图样，再用粉填涂的，还有新螺钿的，这些完全不属古雅器物。其他如用花楠木、紫檀木、乌木、花梨木，照旧式规格制成的，都可以使用，但如改成长大的样式，虽说壮观，却落入俗套。也有元代制作的榻，长一丈五尺，宽二尺左右，上面没有靠背，便于古人夜晚将它连接起来睡觉，两脚相对，不致阻挡。这种样式也古朴，但现今已不适用。

短 榻

【原文】 高尺许，长四尺，置之佛堂、书斋，可以习静坐禅，谈玄挥麈[1]，更便斜倚，俗名"弥勒榻"。

【注释】 〔1〕麈（zhǔ）：古时掸灰尘的工具。

【译文】 短榻高一尺左右，长四尺，安置在佛堂、书房，可以坐禅静定，或手挥拂尘，谈玄论道，也便于斜躺卧靠，俗称"弥勒榻"。

几

【原文】 以怪树天生屈曲若环若带之半者为之，横生三足，出自天然，摩弄滑泽，置之榻上或蒲团，可倚手顿

◎罗汉床的式样

　　罗汉床即矮榻，亦称"短榻""弥勒榻"，一般尺寸较短小，较低矮，榻身上安置三面围子或栏杆。最初多置于佛堂书斋之中，用作静坐习禅或斜倚谈玄，后主要用于坐卧或日间小憩。高濂《遵生八笺》："矮榻，高九寸，方圆四尺六寸，三面靠背，后背稍高如傍……甚便斜倚，又曰'弥勒榻'。"

① 抹 头

　　床屉周围的横向构件，用于固定床屉，防止开榫和变形。

② 围 子

　　围子式样繁多，手法多样。比较常见的有镂空雕花、浮雕、攒接法组合图案、围中嵌入大理石、木纹素围等。

③ 床 屉

　　床架上可以取下的部分，有双层和单层之分，通常用棕绳和藤皮编织而成，也有用牛筋和动物皮绳编制。

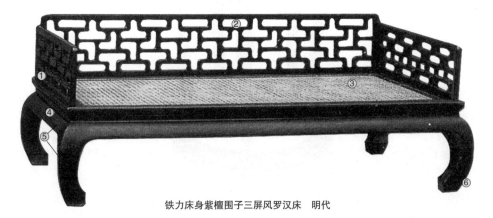

铁力床身紫檀围子三屏风罗汉床　明代

④ 束 腰

　　是从建筑中须弥坐造型变化而来，在上板边框和牙条之间的缩进部分。其作用在于使面板与腿足之间有过渡部分，也增加了装饰艺术的空间变化。

⑤ 膨牙、鼓腿

　　前者呈弧线从中部向外弯出，后者一弧到底，让床体敦厚、庄重、秀雅。

⑥ 马 蹄

　　与鼓腿相连的腿部形状，如马蹄，以增强床的稳定感和圆润感。

黄花梨条环板围子罗汉床　明代

黄花梨三屏嵌绿云石心罗汉床　明代

紫檀三屏风独板围子罗汉床　明代

◎几的种类与式样

几是搁置物件的矮小的桌子。几的样式繁多，用途也各不相同，放置香炉的是香几，放杯盘茶具的是茶几，承托花盆、盆景的花几，放在炕上的是炕几。

① 束 腰

我国传统家具造型样式之一，指面框和牙条之间的缩进部分。

② 膨牙板

明式家具中常见的牙板样式，指高束腰下连接几腿的部分，常常雕饰成各种形状。牙板与几腿之间多采用插肩榫的榫卯结构相连。插肩榫是指几腿在肩部开口且将外皮削出八字斜肩与牙子相交。

③ 托 泥

在家具底部通常有一个整体的底框，呈圆形或方形，家具的腿不直接落在地上，而是落于托泥之上。

④ 圆 珠

一种雕饰，上连几腿下端，下连托泥。

铁力高束腰五足香几　明代
（几面径61cm，高89cm）

⑤ 几 面

圆形几面符合香几作为独立摆件使用时，从各个角度看都完整的设计要求。因几面上要置香炉，明代香炉又以小巧略成扁圆形的居多，所以圆形几面更与之形成造型上的协调。

⑥ 蜻蜓腿

明式家具中有一种三弯腿，呈"S"形，形式柔美富有弹性，因形状如细长的蜻蜓腿而得名"蜻蜓腿"。

⑦ 龟 足

南宋时期开始，家具底部的托泥之下常置有小足，用来直接着地。这种小足如同海龟一般，小巧可爱，既增加家具的美感，又起到通风作用，在家具术语中被称作"龟足"。

□ **红木有束腰高花几　清代**

花几主要用于承托花盆、盆景，常置于天然几两侧或室内角落。花几一般较高，有一人高左右。

□ **紫檀雕洋花茶几　清代**

茶几是用来放置杯盘茶具的家具，以方形或长方形居多，其高度与椅子扶手相当。

□ **红漆嵌珐面梅花式香几**

香几是用来放置香炉的家具，以束腰式样居多，常成组成对使用。

颡[1]，又见图画中有古人架足而卧者，制亦奇古。

【注释】〔1〕顿颡（sǎng）：手托额头。

【译文】用天生弯曲圆弧状的怪树做成几的脚，自然古雅，打磨光滑后，放置在榻上或蒲团上，可用来搁手靠头。还看见图画中有古人在躺卧时用来搁脚，形制也奇特古雅。

禅 椅[1]

【原文】以天台藤为之，或得古树根，如虬龙诘曲臃肿，槎牙四出，可挂瓢笠及数珠、瓶钵等器，更须莹滑如玉，不露斧斤者为佳，近见有以五色芝[2]粘其上者，颇为添足。

【注释】〔1〕禅椅：坐禅用的椅子。《遵生八笺》："禅椅较之长椅，高大过半，惟水磨者佳，斑竹亦可。其制：惟背上枕首横木阔厚，始有受用。"
〔2〕五色芝：《离骚·草木疏》引洪庆善的话说："《本草》引五色芝云：'皆以五色，生于五岳。'《抱朴子》云：'赤者如珊瑚，白者如截肪，黑者如泽漆，青者如翠羽，黄者如装金，而皆光明润泽如坚冰也。'"

【译文】禅椅用天台山的野藤制作，或者用弯曲粗大的老树根制作，枝蔓横生，可挂瓢笠、佛珠、瓶钵等物，以光滑如玉而无刀斧痕迹的为佳品。近来发现有用五色芝粘贴装饰的，简直是画蛇添足。

天然几

【原文】以文木如花梨、铁梨、香楠等木为之；第以阔大为贵，长不可过八尺，厚不可过五寸，飞角处不可太尖，须平圆，乃古式。照倭几下有拖尾者，更奇，不可用四足如书桌式；或以古树根承之。不则用木，如台面阔厚

黑漆琴几　清代
琴几又名琴床、琴案，用于置放琴，高度一般以适宜人坐着弹琴舒适为准。

条 几　明代
条几是过去放在正厅供奉祖先牌位和炉的一种家具。它的高低宽窄、花纹图都是有讲究的，同一个家族的门庭高低关。

凭 几　战国
凭几是古时候人们用来凭倚而用的一家具，一般较矮，与坐身侧靠或前伏时适应。

◎ 禅椅的式样

　　古代文人常静坐参禅，修身养性，所以常在书房、禅房之中置有可供跏趺坐的禅椅。禅椅的造型多取四出头官帽椅或南官帽椅的形式。因为在古代，佛教修禅者双足交叠而坐，即跏趺坐法，所以禅椅的椅盘尺寸比一般的扶手椅要大，以满足人们盘腿而坐的使用要求。

① 造　型

　　禅椅在造型上多取官帽椅的造型，或"四出头"形式，或"南官帽"形式。

② 扶　手

　　禅椅的各个构件都以适宜人盘腿而坐的宽度与舒适度为准进行设计，椅面较长，扶手有的仅到椅面的一半位置。

③ 搭　脑

　　所谓搭脑是指椅子靠上用于连接立柱和背板的结构部件，位置正中偏高，略向后卷，以便休息时头搭靠之用。禅椅的搭脑符合人体打坐需求，一般都比较低，只到人的腰部位置。

④ 椅　盘

　　所谓椅盘是指椅子以边抹为框，装心板或穿棕编藤后构成的坐面部分。禅椅的椅盘宽大，比一般扶手椅的尺寸要大，可供人盘腿而坐。

《鲁班经》中的禅椅　明代

绘画中的禅椅　西魏

者，空其中，略雕云头、如意之类；不可雕龙凤花草诸俗式。近时所制，狭而长者，最可厌。

【译文】 天然几，用花梨、铁梨、香楠等纹理细密的木材制作；以宽大为好，长八尺以内，厚五寸以内，两端翘起的飞角要平滑，不可太尖，这才是古式。日本式几案，下面有拖尾的更好，不可做成像书桌一样的四只脚；也可用老树根做脚，不然就用木板做两脚，台面宽厚的，可略微雕刻一些云头、如意之类的图样；不可雕刻庸俗的龙凤花草。近年的样式，窄而长，最难看。

书 桌

【原文】 中心取阔大，四周镶边，阔仅半寸许，足稍矮而细，则其制自古。凡狭长混角[1]诸俗式，俱不可用，漆者尤俗。

【注释】 〔1〕混角：有弧度的角。

【译文】 书桌桌面要宽大，四周的镶边只须半寸左

◎书桌的式样

　　真正的书桌出现于宋代，它改变了人们凌空书写的历史。明清是书桌制作的繁荣期，明代书案只是由两墩一板组成，到清代，一板的书案两边才带有抽屉，还可以存放小物件。

红木雕云龙纹书案 清代

红木嵌螺钿书桌 清代

右，桌腿稍矮而细，如此规格，自然古朴。桌面狭长而圆角等样式，都不可用，上了漆的，尤其庸俗。

壁 桌[1]

【原文】 长短不拘，但不可过阔，飞云、起角、螳螂足诸式，俱可供佛，或用大理及祁阳石镶者，出旧制，亦可。

【注释】 〔1〕壁桌：靠墙安放的桌子，旧时多用于供佛。

【译文】 壁桌长短不拘，只是不能过宽。飞云、起角、螳螂腿等样式都可以用来供佛，或者用大理石、祁阳石镶嵌装饰的旧式壁桌也可以。

方 桌

【原文】 旧漆者最多，须取极方大古朴，列坐可十数人者。以供展玩书画，若近制八仙等式，仅可供宴集，非雅器也。燕几[1]别有谱图。

【注释】 〔1〕燕几：指一种用于倚凭的小几。

【译文】 方桌中用旧漆的最佳，要古朴宽大，可围坐十几人，便于书画展开观赏。像现在的八仙桌等式样的方桌，仅可用于宴席，不是文雅器物。燕几，另有图样。

台 几

【原文】 倭人所制，种类大小不一，俱极古雅精丽。有镀金镶四角者，有嵌金银片者，有暗花者，价俱甚贵。近时仿旧式为之，亦有佳者，以置尊彝之属，最古。若红漆狭小三角诸式，俱不可用。

◎方桌的式样

方桌是呈正方形的桌子，有大有小，有的有束腰，有的无束腰。在明代方桌中，有束腰的多为霸王撑式，无束腰的多为一腿三牙式和裹腿式。

① 螺 钿

螺钿镶嵌装饰是清代家具装饰中的一个重要形式之一。该方桌上部用螺钿装饰成荷花纹和葫芦纹等图案。

② 方桌的种类

方桌的基本造型，可分为无束腰方桌和有束腰方桌两种。所有方桌的样式都是建立在这两种基础造型之上的。

③ 桌 面

明清时期的桌面一般分两种：一种是以厚木板拼成，四边垛边；另一种是采用攒框打槽的方法将心板放于槽框内。为增加桌面的承重力，有时在心板反面还要榫接两根托带。

④ 透 雕

透雕是家具的一种雕刻形式。在浮雕的基础上，镂空其背景部分，有单面雕的，有双面雕的。有边框的称"镂空花板"。

红木镶嵌螺钿方桌 清代
（长92.7cm，宽92.7cm，高86cm）

黄花梨一腿三牙方桌 明代

黄花梨卷草纹展腿方桌 明代

【译文】 台几是日本人制作的，种类大小不一，都非常古雅精致，有镀金镶四角的，有嵌金银片的，有暗花的，价值昂贵。近年仿造旧式的，也有佳品，用作礼器，最为古雅。红漆的及狭小的三角形等样式，均不可取。

椅

【原文】 椅之制最多，曾见元螺钿椅，大可容二人，其制最古；乌木镶大理石者，最称贵重，然亦须照古式为之。总之宜矮不宜高，宜阔不宜狭，其折叠单靠、吴江竹椅、专诸禅椅诸俗式，断不可用。踏足处，须以竹镶之，庶历久不坏。

【译文】 椅子的规格最多，曾见元代的螺钿椅，宽大可坐两人，这种式样最古雅；镶嵌大理石的乌木椅，最珍贵，但也要照古式制作。总之，椅子宜矮不宜高，宜宽不宜窄，诸如单靠背折叠椅、吴江竹椅、专诸禅椅等样式，绝不能用。椅子的踏脚处镶上竹子，经久不坏。

杌

【原文】 杌[1]有二式，方者四面平等，长者亦可容二人并坐，圆杌须大，四足彭出，古亦有螺钿朱黑漆者，竹杌及环诸俗式，不可用。

【注释】 〔1〕杌（wù）：无靠背的小凳子，旧时也叫作"杌子"。

【译文】 杌子有两种，一是矩形，比较长，可坐两人；圆形的宜大一些，四脚向外旁出。古式也有螺钿朱黑漆的，但竹子做的、绳子编的杌子，不能用。

◎椅的种类与式样

椅是有靠背坐具的总称。其式样和大小，差别较大。明清椅子的形式大体有靠背椅、扶手椅、圈椅和交椅四种。

① 椅 背

玫瑰椅典型的外形特征即椅背与扶手高度相差不大，且比一般椅子的后背要低。在室内放置时较灵活，放置窗台附近时，因高度偏低，所以不会挡住视线。

② 卡子花

卡子花是一种雕花的装饰构件，卡于两条横枨之间，其形态多为木材镂雕的纹样。

③ 透雕装饰

木雕在家具应用上非常广泛，明清家具的雕刻手法主要有浮雕、透雕和圆雕。透雕是其中一种难度较大的雕刻。其做法是留出纹样，将底子镂空，使纹样突显出来，所留出的图案还要有立体效果。此椅背上的透雕即采用两面透雕装饰。

④ 腿 足

明代的玫瑰椅腿足多呈方形或圆形，至清代时，腿足则用线脚装饰，常见的是一种中间高、两边斜仄的剑脊线。

黄花梨透雕靠背玫瑰椅　明代
（长61cm，宽46cm，高87cm）

□ 紫檀嵌珐琅宝座　清代

宝座为皇朝宫廷供帝王使用的椅子，多用材厚硕，体形大气稳重，雕饰极为精细华丽，突显统治者权威。

□ 黄花梨四出头官帽椅　明代

四出头官帽椅为北方常见官帽椅类型，此椅搭脑两端和左右扶手前端出头。

□ 黄花梨透雕靠圈椅　明代

圈椅由交椅发展而来。其圈背连着扶手，由高到低顺势而下，背板采取"S"形曲线设计，皆从人体舒适角度考虑。

◎杌的式样

杌与凳同义，又有"马扎""马杌"之称。杌凳是一种无靠背的坐具。在形制上有方形和长方形，样式上分无束腰直足样式和有束腰马蹄足样式类。

① 横 材

交杌的横材分杌面处与杌足下方处各两根，且皆用方形材制成。在杌面横材的里面处且有浮雕卷草纹装饰，自然流畅，显现简洁大气。

② 杌 足

杌足用来支撑杌面，起支柱作用，四根圆材交叉，用穿铆轴钉来固定，以增加其坚实度。

③ 座 面

根据杌的材质不同，其座面亦不同，但无论藤制、竹制、木制或其他材质制，都符合杌易于折合的特点。此交杌座面原为织物软屉，后人用绳索编屉代之。

④ 踏 床

又名"脚踏"，用来放置两足，位于正面两杌足之间。此踏床面板有钉铜装饰构件，两端有探出的圆轴，轴插入足端的卯眼之中，便于踏床折合。

黄花梨有踏床交杌　明代
（长55.7cm，宽41.4cm，高49.5cm）

黄花梨上折式交杌　清代

紫檀交杌　明末清初

黄花梨交杌　清代

凳

【原文】 凳亦用狭边镶者为雅；以川柏为心，以乌木镶之，最古。不则竟用杂木，黑漆者亦可用。

【译文】 凳子也是镶有窄边的更雅致，中间用柏木，以乌木镶边，这样最古雅。不然就全用杂木，漆成黑色，也可以。

交床

【原文】 即古胡床之式，两脚有嵌银、银铰钉圆木者，携以山游，或舟中用之，最便。金漆折叠者，俗不堪用。

【译文】 交床就是古代称为“胡床”的一种折叠椅，两脚交叉，用银销钉连接，带着外出游玩或者坐船时用，最方便。漆成金黄色且又折叠的，就俗不可耐。

橱

【原文】 藏书橱须可容万卷，愈阔愈古，惟深仅可容一册，即阔至丈余，门必用二扇，不可用四及六。小橱以有座者为雅，四足者差俗，即用足，亦必高尺余，下用橱殿，仅宜二尺，不则两橱叠置矣。橱殿以空如一架者为雅。小橱有方二尺余者，以置古铜玉小器为宜，大者用杉木为之，可辟蠹，小者以湘妃竹及豆瓣楠、赤水、椤木为古。黑漆断纹者为甲品，杂木亦俱可用，但式贵去俗耳。铰钉忌用白铜，以紫铜照旧式，两头尖如梭子，不用钉钉者为佳。竹橱及小木直楞，一则市肆中物，一则药室中物，俱不可用。小者有内府填漆，有日本所制，皆奇品也。经橱用朱漆，式稍方，以经册多长耳。

◎凳的式样

早期的凳子专指蹬具，相当于脚踏。在坐具中，凳子常以辅坐的方式出现，其等级也稍次于椅子，虽然如此，明清时期的凳子形式仍很多，大概有大方凳、长方凳、长条凳、圆凳、五方凳、梅花凳等形制。

① 落塘面

所谓落塘面，是指家具面在采用攒边做法时，板心与边框采用了不同的装法，板心四周出斜边嵌入边抹槽口中，板面低于边抹平面的做法。这种座面，多呈下凹状。

② 腿 足

腿足为圆形材质，与上部凳面直接采用榫卯相接。

③ 软 屉

在家具制作时，凳面、椅面、榻面等常采用一种用藤篾编成的面子，即家具术语中的软屉。明清家具中的软屉，其工艺极高，面子细如丝织，坚实细密，为美观还可穿织各种花纹。

④ 裹腿枨

枨子的一种，凳腿的横枨在腿外部，并将腿足包住，故名"裹腿枨"。

黄花梨无束腰裹腿罗锅枨加卡子花方凳　明代
（长50.5cm，宽50.4cm，高51cm）

黄花梨有束腰大方凳　明代

紫檀有束腰鼓腿膨牙方凳　明代

黑漆撒螺钿珐琅面龙戏珠纹圆凳　明代

◎交椅的式样

交椅起源于古代的马扎，因其下端腿足呈交叉状而得"交椅"之名，本为古时一种可以折叠的轻便坐具。在行军或狩猎时，亦会用到此类坐具，进而发展成有权力象征意义的"交椅"。

① 承 脚

古时放于椅下的矮凳，又名床子或脚床子。

② 靠 背

交床亦有靠背，且有的在搭脑上方安置一类似提手的构件，方便折叠后拿放。

③ 腿 足

交床又名交椅，其腿足处交叉，且有铆钉连接，便于折叠。

黄花梨圆后背交椅　元代
（长69.5cm，宽53cm，高94.8cm）

榆木大漆交椅　清代

高丽木交椅　清代

黄花梨如意云头交椅　明代

◎柜的式样

橱与柜都是储存物品的家具。只是柜的形体一般较高，可以存放大件或多件物品。

黄花梨联三橱 明代
（长177.5cm，宽56.8cm，高90.5cm）

①吊 头
　　亦称"抛头"，指无束腰的桌面、凳面、橱面等伸出腿足的部分，多上翘。

②角 牙
　　牙子的一种类型，此角牙即安装于两构件相交处的牙子。

③抽 屉
　　抽屉一般设置于橱的上层，用短柱相隔，下面装板与下层间隔开。

④橱 面
　　此橱面中部平整，两端上翘，为翘头案面。

⑤铜饰件
　　在橱类家具的抽屉上多装有铜饰件，其上多有牛鼻环用以拉动抽屉，且有屈戌、面条、面叶等固定于抽屉外表中间部位。

⑥闷 仓
　　闷仓位于抽屉之下，可储藏物件，但需打开抽屉后才可用，故名"闷仓"。此闷仓外有浮雕装饰，二龙抢珠，且龙纹有翼，这在明式家具中极为罕见。

黄花梨方角四件柜 明代

紫檀雕云龙纹顶箱柜 清代

黄花梨单门柜 清代

【译文】 藏书的橱柜须容纳万卷书籍，越大越好，只是不能过深，以一册书为限；书橱宽可达一丈多，柜门只能两扇，不能四扇或六扇。小橱柜以设底座为雅，四只脚的稍俗，即使要做成带脚的，脚必须有一尺高；下部的橱殿只宜二尺，不然就做成两个叠放在一起。橱殿以空如一架的最为古雅。小橱柜一般为二尺见方，适合陈列铜器、玉器等小古玩。大的橱柜用杉木做成，可避免生虫；小的橱柜用斑竹及豆瓣楠、赤水木、椤木做，更为古雅。黑漆硬木的材质为佳品，杂木也可用，但样式不能俗气。铰链忌用白铜，要用紫铜做成梭子形的旧样式，不用钉钉的最好。竹橱及小木架，一种是商铺所用，一种是药铺所用，都不能用作书橱。小橱有用内府填漆的，有用日本制造的，都是珍品。收藏佛经的书橱，要漆红漆，要做得深厚一点，因为经书册子比较长。

架

【原文】 书架有大小二式，大者高七尺余，阔倍之，上设十二格，每格仅可容书十册，以便检取；下格不可以置书，以近地卑湿故也。足亦当稍高，小者可置几上。二格平头，方木、竹架及朱墨漆者，俱不堪用。

【译文】 书架有大小两种，大的高七尺左右，宽为高的两倍，分为十二格，每格只能放十册书，便于取放；下面几格不能放书，因为靠近地面，容易受潮。书架的脚要高一些，小的书架可放在几凳上。二格为平头，方木、竹架及朱黑漆的，都不能用。

佛橱　佛桌

【原文】 用朱黑漆，须极华整，而无脂粉气，有内府雕花者，有古漆断纹者，有日本制者，俱自然古雅。近有以断纹器凑成者，若制作不俗，亦自可用。若新漆八角委

◎架的式样

通常情况下凡柜子必须有门，如果无门，则应称为"架格"。架格除用于放书外，也可陈设古玩等。

黄花梨小多宝格　清代
（长88cm，宽26cm，高100cm）

① **隔　板**

在架格类的家具中，格子之间即以隔板将框体分隔为左、右空间。

② **旁　板**

落塘面做法不仅适用于家具类的面，而且适用于侧面旁板。此架格左右两侧垂直面的板材，即旁板就采用了落塘面的做法。还有的旁板会采用落塘踩鼓的做法。

③ **柜　体**

此架格上部为亮格，可放置书籍类物件，下部为抽屉与小立柜可放置杂物，底枨之下有壶门牙条。整体造型为明式二屉立字形书格。

书　架

博古架

博古架

◎佛桌的式样

佛桌是佛像前的桌子，用于放置供佛之物，亦称"佛爷儿桌"。

① 材 质

紫檀木是红木中最高级的一种硬木，颜色深紫发黑，最适宜制作家具和雕刻艺术品。此种材质的器物经打蜡磨光后，不需要表面漆油即可呈现缎面的光泽。

② 高 度

供桌多为长方形，高度与方桌差不多，祭祀时放置香炉、蜡竿、供品等。常与天然几、八仙桌和一对扶手椅构成一组家具。

③ 鼓腿膨牙

供桌制作一般都较为精细，不仅美观而且其价值也较高。鼓腿膨牙为家具腿足的一种类型，腿部从束腰处膨出，然后向后内收，顺势做成弧形，足部多采取内翻的马蹄形。

紫檀木鼓腿膨牙式供桌　清代
（长105cm，宽42cm，高98cm）

紫檀木红漆供桌

佛橱及内部结构

角^[1]，及建窑佛像，断不可用也。

【注释】 〔1〕八角委角：四角下垂而成八角。

【译文】 佛橱、佛桌用朱黑漆，必须庄重肃穆，无脂粉气，内府雕花的、古漆的、日本制造的，都很自然古雅。近年有显木纹的，如果制作不俗气，也可用。诸如新漆八角委角以及建窑瓷佛像，绝不能用。

床

【原文】 以宋元断纹小漆床为第一，次则内府所制独眠床，又次则小木出高手匠作者，亦自可用。永嘉、粤东有摺叠者，舟中携置亦便。若竹床及飘檐^[1]、拔步、彩漆、"卍"字、回纹等式，俱俗。近有以柏木琢细如竹者，甚精，宜闺阁及小斋中。

【注释】 〔1〕飘檐：床外踏步上设有像屋的架子，称为"飘檐"。

【译文】 床以宋元时期的小漆床为最好，其次是内府制造的单人床，再次是手艺高超的木匠做的。永嘉、粤东两地的折叠床，用于舟船，收放都很方便。诸如竹床及飘檐、拔步、彩漆、"卍"字、回纹等样式，都很俗气。近年有将柏木雕琢成竹子形状的床，非常精美，适合用在闺阁及小居室。

箱

【原文】 倭箱黑漆嵌金银片，大者盈尺，其铰钉锁钥，俱奇巧绝伦，以置古玉重器或晋唐小卷最宜。又有一种差大，式亦古雅，作方胜、缨络等花者，其轻如纸，亦可置卷轴、香药、杂玩，斋中宜多畜以备用。又有一种古断纹者，上圆下方，乃古人经箱，以置佛座间，亦不俗。

◎床的式样

　　床最早起源于商代。唐以前，床往往兼作其他家具，人们写字、读书、饮食，都在床上放置案几完成。唐代出现桌椅后，人们生活饮食等都是倚桌就坐，不再在床上活动。床由一种多功能的家具，成为专供睡卧的用具。

① 材 质
　　花梨木属红木木材，有老花梨与新花梨之分。老花梨颜色由浅黄色到紫赤色，纹理清晰美观，且有香味；而新花梨木色呈黄色，纹理色彩也不如老花梨。

② 卡子花
　　卡子花是明清家具上的雕花饰件，多用在"矮老"的位置。常被雕刻成方胜、卷草、云头等形状，既能起到加固的作用，又有较强的装饰效果。

③ 腿 足
　　明清时期的床腿主要有直足、内翻马蹄、外翻等造型。

④ 顶 盖
　　顶盖源于汉代承接尘土的帐子或小帐幕，位于床柱之上。魏晋以后，床的四角加了立柱，上承天棚，加有帐幔和坠饰。

⑤ 立 柱
　　立柱位于床的四角，连接顶盖与床体。精致一些的架子床在床前的两柱前会增设两根柱子，也称为六柱架子床。

⑥ 围 栏
　　明清时期的床多有围栏，围栏采用攒接的方法制成，其上有透雕而成的方形纹、"卍"字纹、双环卡子纹等装饰。

老花梨四合如意纹六柱架子床　明代

榉木加红木拔步床　清代

榉木海棠花围拔步床　清代

◎箱的式样

　　箱是有盖有底的方形盛物器，多用来放置散乱的物品，古代箱的种类较多，主要有文具箱、药箱、画箱等。明代以前的箱造型较为朴实，明清时期的箱用料讲究，做工精细，有些用来放置古籍名画的箱用名贵的香木制成，可以防虫蠹。

黄花梨小箱　明代
（长42cm，宽24cm，高18.7cm）

①箱 顶
　　平顶、呈长方形的箱为明清家具的常见样式。

②提 手
　　提手多置于箱子两侧，供人搬动时用。形状上，提手以椭圆形为主。

③灯草线
　　箱口处因裁出子口后，里皮减薄，常需要采用两道加厚的线，既美观又可起到加固作用。此线即为灯草线。

④包 角
　　为保护家具外轮廓边角，通常会有三角形的铜饰件作为包角，三个面的角为等腰直角三角形。箱子的上下四角都有包角作装饰。包角样式较多，如意头纹是常见的铜包角样式。

⑤拍 子
　　拍子为一种铜制饰件，附着在半面叶上，箱子开合时，会有两个孔眼套入屈戌以供上锁。在造型上，拍子的样式较多，牛鼻形的拍子最为常见，且有锁钮可作装饰。

文具提箱　清代

紫檀小提箱　清代

【译文】　镶有金银片的黑漆日本式箱子，大的一尺多，铰钉锁钥都极其小巧精美，适合收藏古玉等贵重饰物或晋、唐时的小卷书画。还有一种稍大一点的，式样也很古雅，表面绘有方胜或缨络等饰品图样，轻巧如纸，也可放置书画、香药及各种玩物，应在居室中多准备几个，随时可用。还有一种古断纹的，上圆下方，是古人的经箱，放在佛座上，也不俗。

屏

【原文】　屏风之制最古龙，以大理石镶下座，精细者为贵，次则祁阳石，又次则花蕊石。不得旧者，亦须仿旧式为之。若纸糊及围屏、木屏，俱不入品。

【译文】　屏风的制作最为古，以大理石镶嵌下座、做工精细的为珍贵；其次是祁阳石的；再次是花蕊石的。如没有古旧的，也须仿照古旧样式制作，诸如纸糊的、围绕的、木质的屏风，都不入品。

脚　凳

【原文】　以木制滚凳，长二尺，阔六寸，高如常式，中分一铛，内二空，中车圆木二根，两头留轴转动，以脚踹轴，滚动往来，盖涌泉穴精气所生，以运动为妙。竹踏凳方而大者，亦可用。古琴砖[1]有狭小者，夏日用作踏凳，甚凉。

【注释】　〔1〕琴砖：古时弹琴时所用空心砖。

【译文】　脚凳用木做成能滚动的凳子，长二尺，宽六寸，高如常用凳子，逢中分为两格，车制二根圆木，穿入其间，两端露头作轴，脚蹬轴上来回滚动，可按摩涌泉穴。涌泉穴精气的产生，运动按摩是最妙的。宽大的竹踏凳，也可以用。狭小的古琴砖，夏日用作踏凳，特别清凉。

◎屏的式样

屏，即古代用于遮挡、装饰的室内家具，通称为"屏风"。

① 屏 心

屏心一般用各种石板或是镶嵌螺钿、玉件、象牙等。

② 底 座

独扇的座屏是以单独屏框插在特制的底座上。底座由两块纵向的方木构成，一般都留出亮脚，有的底座做成梯形。

③ 站 牙

用来固定立柱的牙子称为站牙，位于两侧。

④ 屏 框

屏框为屏类主要构件之一，以紫檀、红木、鸡翅木等名贵木材为主体，其形状多为圆形、长方形和方形。

⑤ 立 柱

立柱位于底座两侧，且有横枨相连。立柱上部会留出一定长度，在内侧挖出凹形沟槽，将屏框对准沟槽使屏框落于横枨上，与底座连为一体。

⑥ 披水牙子

屏风底部位于两脚与屏座横枨之间带斜坡状的长条花牙，即为披水牙子。其名源于形状类似墙头上斜面砌砖的披水。

紫檀嵌云石小座屏风　清代
（长56.8cm，宽29.2cm，高59.7cm）

紫檀嵌鎏金珐琅福寿纹摆屏　清代

紫檀嵌玉石花图围屏　清代

卷七·器具

　　古人制器尚用，不惜所费。故制作极备，非若后人苟且。上至钟、鼎、刀、剑、盘、匜之属，下至隃糜、侧理，皆以精良为乐，匪徒铭金石尚款识而已。今人见闻不广，又习见时世所尚，遂致雅俗莫辨。更有专事绚丽，目不识古，轩窗几案、毫无韵物，而侈言陈设，未之敢轻许也。

【原文】古人制器尚用，不惜所费。故制作极备，非若后人苟且。上至钟、鼎、刀、剑、盘、匜[1]之属，下至隃糜[2]、侧理[3]，皆以精良为乐，匪徒铭金石尚款识而已。今人见闻不广，又习见时世所尚，遂致雅俗莫辨。更有专事绚丽，目不识古，轩窗几案、毫无韵物，而侈言陈设，未之敢轻许也。志《器具第七》。

【注释】〔1〕匜（yí）：古时舀水用的器具，形状像瓢。

〔2〕隃糜（yú mí）：墨。隃糜本为县名，其地产墨，后用来指代墨。

〔3〕侧理：即侧理纸，晋代名纸，因纸上有纹理，故被命名为"侧理纸"。

【译文】古代器具讲求合用，不惜工本，因此制作极其精致，不像后人这样马虎粗糙。从钟、鼎、刀、剑、盘，到笔墨、纸张，古人都以制作精良为好，不只是看重金石铭刻、书画题记。今人见闻不广，又一味趋附时尚，以致不能分辨雅俗；更有人只求华丽，不知古雅，居室器具，无一风雅，所谓陈设，不敢认。

香 炉

【原文】三代、秦、汉鼎彝，及官、哥、定窑、龙泉、宣窑，皆以备赏鉴，非日用所宜。惟宣铜彝炉稍大者，最为适用；宋姜铸[1]亦可，惟不可用神炉、太乙、及鎏金白铜双鱼、象鬲之类。尤忌者，云间、潘铜、胡铜所铸八吉祥[2]、倭景、百钉[3]诸俗式，及新制建窑、五色花窑等炉。又古青绿博山亦可间用。木鼎可置山中，石鼎惟以供佛，余俱不入品。古人鼎彝，俱有底盖，今人以木为之，乌木者最上，紫檀、花梨俱可，忌菱花、葵花诸俗式。炉顶以宋玉帽顶及角端、海兽诸样，随炉大小配之，玛瑙、水晶之属，旧者亦可用。

◎宣德铜炉式样

　　宣德铜炉为明朝宣德年间，官府按照古代各种名器式样铸造而成的一种款式高雅的铜制炉。其质料考究，除含有铜外，还有金、银、锡等数十种贵重矿料。其基本形制是敞口、方唇或圆唇，颈部较短，有三足类也有圈足类。传世的明宣德炉较少，后代多有仿制。

① 开口龙头

　　在透雕顶周围有九个向上伸长的开口龙头，寓意深刻，或仅为装饰，或可作填料口用，抑或为传统的敬奉之意。

② 脚 台

　　脚台较高，上部饰人面或动物面造型，下部作动物腿足状，且整体曲线向外张开。

③ 透雕圆顶

　　在钵形炉内顶部配有几何圆形的透雕顶，上有多个透气孔，可用于香气的散放。

④ 钵 形

　　钵形香炉在陶瓷类香炉中较为少见，其造型独特，往往配有其他装饰。

耀州窑刻花花绘纹炉　北宋
（总高22cm：钵高9.5cm，口径17.2cm；台高12.5cm，口径19.3cm）

鎏金铺兽首衔环钵盂式铜炉　明代

冲天耳三足炉　清代

【注释】〔1〕宋姜铸：宋代姜氏铸造的铜器，工艺精良，名噪一时。一说姜氏为元代工匠。

〔2〕八吉祥：指法螺、法轮、宝伞、白盖、莲花、宝瓶、盘长、金鱼八种佛教宝物。

〔3〕百钉：香炉表面铸成无数如钉子一样的凸起点。

【译文】夏、商、周、秦、汉时期的鼎彝，及官窑、哥窑、定窑、龙泉窑、宣窑制造的香炉，都是用来赏玩的，不适合日常使用。只有稍大的明代宣德铜炉最适用；宋代姜氏所铸铜炉也可以，唯独不可用佛堂香炉、太乙香炉以及镀金白铜双鱼、象形之类铜炉。尤其忌用松江、潘氏、胡氏铸造的吉祥八宝、日本风景、百钉等式样铜炉，以及新产建窑瓷、五彩瓷香炉。另外青绿古铜博山炉也可以用。木香炉可置于山中，石香炉只可用于供佛，其余的都不入品。古代香炉都有底盖，现在都用木做成，乌木的最好，紫檀、花梨木也可以，但忌用饰有菱花、葵花等花样的。炉盖可做成玉石帽顶、神兽、海兽类等形状，大小与香炉相配，旧式的玛瑙、水晶等也可用于炉盖。

香盒

【原文】以宋剔合色如珊瑚者为上，古有一剑环、二花草、三人物〔1〕之说，又有五色漆胎，刻法深浅，随妆露色，如红花绿叶、黄心黑石者次之。有倭盒三子、五子〔2〕者，有倭撞金银片者，有果园厂〔3〕，大小二种，底盖各置一厂，花色不等，故以一合为贵。有内府填漆合，俱可用。小者有定窑、饶窑蔗段、串铃〔4〕二式，余不入品。尤忌描金及书金字，徽人剔漆并磁合，即宣成、嘉隆等窑，俱不可用。

【注释】〔1〕一剑环、二花草、三人物：剑环、花草、人物，均指雕刻的花样。剑环，剑柄上部向两旁突出的部分，兼有护手和装饰作用。

〔2〕三子、五子：盒内分成的格子。

〔3〕果园厂：明代宫廷漆器作坊。

〔4〕蔗段、串铃：均为香盒样式。蔗段，如甘蔗样的圆形；串铃，如两铃串在一起的样子。

【译文】 香盒以宋代红色雕漆盒为上品，古时有一剑环、二花草、三人物的说法；其次是漆胎为五色，因雕刻深浅而显现不同颜色，形成红花绿叶、黄心黑石等花样。还有日本三格、五格漆盒和手提盒。果园厂作香盒，底、盖分厂制作，花色不同，因此以底盖花色一致的为贵。还有内府填漆香盒，都可以用。小香盒有定窑产及饶窑产蔗段、串铃两种，其余的不入品级。尤其忌讳描金及写金字的；徽州雕漆以及宣成、嘉隆等窑所产的瓷香盒，都不能用。

隔 火

【原文】 炉中不可断火，即不焚香，使其长温，方有意趣，且灰燥易燃，谓之“活火”。隔火〔1〕，砂片第一，定片次之，玉片又次之，金银不可用。以火浣布〔2〕如钱大者，银镶四围，供用尤妙。

【注释】 〔1〕隔火：香炉的盖火用具。

〔2〕火浣布：相传产自西域的一种不会燃烧的布。

【译文】 香炉不能断火，就是烧不起明火，慢慢燃烧，这样才有意趣。香被烘干，容易燃烧，这称为“活火”。隔火首选沙锅碎片，其次是瓷器片，再次是玉石片，金银不可用。将铜钱大小的火浣布四周镶银边用作隔火，特别好。

匙 箸〔1〕

【原文】 紫铜者佳，云间胡文明及南都白铜者亦可

□ 箸

箸，即筷子。中国箸文化历史悠久，其材质多样，有木质、骨质、玉质、金属质等。其最初功用多与饮食有关，以后也有作为其他功用者。匙箸即为香事用具。

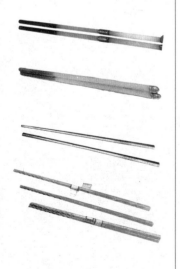

用；忌用金银，及长大填花诸式。

【注释】〔1〕匙箸（zhù）：筷子，这里指拨炉灰的筷子。

【译文】 紫铜的匙箸最好，松江的胡文明制作的匙箸以及南京的白铜匙箸也可以；忌用金银制及长大的填花式样等匙箸。

箸 瓶[1]

【原文】 官、哥、定窑者虽佳，不宜日用，吴中近制短颈细孔者，插箸下重不仆，铜者不入品。

【注释】〔1〕箸瓶：插装拨炉灰筷子的瓶子。

【译文】 官窑、哥窑、定窑产的瓷箸瓶虽好，但不宜日用。吴中近年生产的短颈细孔箸瓶，瓶身重、不会倒，很好用；铜箸瓶不入品。

袖 炉[1]

【原文】 熏衣炙手，袖炉最不可少。以倭制漏空罩盖漆鼓为上，新制轻重方圆二式，俱俗制也。

【注释】〔1〕袖炉：可放入袖中的火炉。

【译文】 烘衣暖手，袖炉不可缺少。以日本制造的有镂空炉盖的漆鼓形袖炉为上品，新制的有轻重方圆区别的两种袖炉，都是俗品。

手 炉

【原文】 以古铜青绿大盆及簠簋[1]之属为之，宣铜兽头三脚鼓炉亦可用，惟不可用黄白铜及紫檀、花梨等架。脚炉旧铸有俯仰莲坐细钱纹者；有形如匣者，最雅。被炉[2]有香毬等式，俱俗，竟废不用。

◎手炉式样

　　手炉，可握于手中或随身携带的小熏炉，流行于明代末年至民国初年。古代手炉多为大户人家使用，既可取暖，又可观赏。

① 造 型

　　手炉在做工上极为精细，造型上有方形、圆形、瓜棱形、灯笼形、梅花形、海棠形等。明代手炉一般偏厚重，主要纹饰在炉盖上；清代手炉造型多样，炉身等处都有纹饰。

② 工 艺

　　工匠们主要运用镂雕和錾刻两种工艺，在炉盖上刻有镂空的花鸟或吉祥图案，有的还在炉身上雕刻人物、花鸟、山水等纹饰，使手炉的艺术形象达到了完美境界。

铜錾花八宝纹手炉　清代

③ 纹 饰

　　手炉的图案以寓意吉祥喜庆的图案为主。人们通过刻画几何形纹饰、吉祥纹饰等表达对生活的热爱、希望、追求。常见的纹饰有"福禄寿""和合二仙""竹报平安""喜上眉梢"和"鲤鱼跳龙门"等。

铜花纹手炉　明代

铜长方手炉　明代

铜手炉　清代

【注释】〔1〕簠簋（fǔ guǐ）：簠，古代盛谷物的器具，多为方形；簋，古代盛食物的器具，一般圆口，两耳，也作祭祀用器。

〔2〕被炉：一种可放入被褥取暖的铜炉。

【译文】用古青绿铜大盆及簠簋等器皿作烘手取暖的火炉，宣铜制兽头鼓身的三脚炉也可用，但不能用黄白铜及紫檀、花梨木作炉架。古时铸造的脚炉，有莲花座细铜钱花纹的和形状像匣子的，最为雅致。被炉有香毬等样式的很俗，都不可用。

香 筒

【原文】旧者有李文甫所制，中雕花鸟、竹石，略以古简为贵。若太涉脂粉，或雕镂故事人物，便称俗品，亦不必置怀袖间。

【译文】旧式香筒有李文甫制作的，筒面刻有花鸟、竹石等式样，还是古雅简洁的更好。如果脂粉气太重，或者雕刻上故事人物，就很俗气，也不要放入怀袖间使用了。

笔 格

【原文】笔格[1]虽为古制，然既用研山，如灵璧、英石，峰峦起伏，不露斧凿者为之，此式可废。古玉有山形者，有旧玉子母猫，长六七寸，白玉为母，余取玉玷或纯黄、纯黑玳瑁之类为子者；古铜有鎏金双螭挽格[2]，有十二峰为格，有单螭起伏为格；窑器有白定三山、五山及卧花哇者，俱藏以供玩，不必置几研间。俗子有以老树根枝蟠曲万状，或为龙形，爪牙俱备者，此俱最忌，不可用。

【注释】〔1〕笔格：笔架。
〔2〕鎏金双螭挽格：两螭相挽形成格子用以搁置毛笔。鎏金，把

◎香筒式样

香筒为古代净化空气的室内用具，富贵人家必备。其制作考究，《竹刻脞语》曾载："截竹为筒，圆径一寸或七八分，长七八寸者，用檀木作底盖，以铜作胆，刻山水人物，地镂空，置名香于内焚之，名曰'香筒'。"

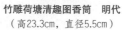

① 扣 口

雕刻艺术品中常用到紫檀木做材质，这是最高级的一种红木用材，颜色深紫发黑。因其材质较硬，所以此香筒的扣口与底座都采用了紫檀木。

② 材 质

制作香筒的材料比较丰富，常见的为黄杨木制作，此材质雕刻而成的香筒，外表质感淡雅，色泽光亮。此香筒筒身采用上好的竹材镌制而成。

③ 雕 刻

香筒是一种制作比较考究的器物，雕刻技法应用较多。此香筒即采用深浮雕、透雕的手法，装饰有荷花、荷叶、螃蟹等纹样。

竹雕荷塘清趣图香筒　明代
（高23.3cm，直径5.5cm）

竹雕人物香筒　清代　　碧玉缕雕云龙香筒　清代　　清白玉镂雕香筒　清代

◎笔架式样

笔架亦称"笔格""笔搁",即架笔之物也。古人书画时,在构思或暂息的时候借以置笔,以免毛笔圆转污损他物,因此,笔架是书案上最不可缺少的文具。

① 材 质

笔架材质较多,常见的有玉、石、铜、瓷等。此笔架为水晶石质,纯净通透。

② 特 点

第一峰被掏空后作水盂之用,可谓是集笔架、水盂于一身,造型极为别致。

③ 造 型

笔架造型丰富,或为山峰绵亘之状,或为小桥流水之形。此笔架即为粗壮的四峰形,其中第二峰高于其他三峰,右侧两峰之间雕镂灵芝。

水晶灵芝水盂笔架　明代

铜城楼式笔架　宋代

景德镇窑青白釉笔架　元代

青花灵芝纹阿拉伯纹笔架　明代

金碎成粉，在器物上涂抹数层，然后烧制成型的工艺；螭，古代传说中一种没有角的龙，古代建筑或工艺品上常用它的形状作装饰。

【译文】 笔格虽是古时用具，但如今已用砚台，如用灵璧石、英石做成的研山，峰峦起伏，古雅自然，因此笔格就可废弃不用了。古玉笔格有山形的，有子母猫的，长六七寸，用白玉做成母猫，有瑕疵的玉或者纯黄纯黑的玳瑁做成小猫；古铜笔格有镵金双螭相挽为格，有十二山峰为格的，有单螭起伏为格的；瓷器笔格有定窑白瓷的三山峰、五山峰和躺卧娃娃，这些可作为玩物收藏，不必放在几案之上。有俗人将老树根盘曲成具备爪牙的腾龙等各种形状作笔格，这是最忌讳的，切不可用。

笔 床

【原文】 笔床之制，世不多见，有古鎏金者，长六七寸，高寸二分，阔二寸余，上可卧笔四矢，然形如一架，最不美观。即旧式，可废也。

【译文】 笔床的制作，现世不多见，古时有镀金的，长六七寸，高一寸二，宽两寸多，可放置四管毛笔，但像

□ **粉彩山水图笔床　清代**
　　笔床，搁放毛笔的专用器具，类似文具盒。其材质有镏金、翡翠、紫檀等。此类文房用具不仅为文房实用，而且在自古就有山水情结的文人眼中，既是笔的休息之所，也是文人自己内心寄情山水的特别物件。

一个架子，很不美观。虽是古旧样式，也可废弃不用。

笔 屏

【原文】 镶以插笔，亦不雅观，有宋内制方圆玉花版，有大理旧石，方不盈尺者，置几案间，亦为可厌，竟废此式可也。

【译文】 笔屏是用来插笔的，样子也不雅观，有宋代内府制造的方圆玉花板的，有大理石制的，一尺见方，置于几案之上，也很难看，这种用具可废弃不用。

笔 筒

【原文】 湘竹、栟榈者佳，毛竹以古铜镶者为雅，紫檀、乌木、花梨亦间可用，忌八棱花式。陶者有古白定竹节者，最贵，然艰得大者；冬青磁细花及宣窑者，俱可用。又有鼓样，中有孔插笔及墨，虽旧物，亦不雅观。

【译文】 笔筒以斑竹、棕榈制成的为佳，毛竹做的，以镶有古铜的为雅，紫檀、乌木、花梨木做的也可以，忌用八棱花样式。陶瓷材质的，以定窑白瓷的竹节形笔筒最好，但难得到大的；细花冬青瓷及宣窑瓷的笔筒都可用。还有一种鼓形笔筒，其中有孔，用来插笔和墨，虽为旧物，但也不雅观。

笔 洗[1]

【原文】 玉者有：钵盂洗、长方洗、玉环洗；古铜者有：古鎏金[2]小洗，有青绿小盂，有小釜、小巵[3]、小匜[4]，此五物原非笔洗，今用作洗最佳。陶者有：官、哥葵花洗、磬口洗、四卷荷叶洗、卷口蔗段洗；龙泉有：双鱼洗、菊花洗、百折洗；定窑有：三箍洗、梅花洗、方池洗；宣窑有：鱼藻洗、葵瓣洗、磬口洗、鼓样洗，

◎笔筒式样

笔筒是文人书案上的常设之物，一般呈圆筒状，在古代，笔筒以其艺术个性和较高的文化品位受到文人墨客的青睐。

① 造 型

笔筒多为直口、直壁，口与底相仿，造型相对简单。此笔筒底足处却有竹节状构造，在整体造型上增加了灵巧之感。

② 材 质

制作笔筒的材质较多，据文献载，有镏金、翡翠、紫檀木、乌木等。传世器物以瓷制和竹制较多。此笔筒为瓷制，外施豆青釉，釉色青中闪绿。

③ 诗 文

笔筒为文房用具，在纹饰上也以诗文作装饰。此笔筒即有诗句位于筒身上部。

④ 纹 饰

笔筒纹饰与中国画技法有很大关系，其纹饰内涵上也遵循中国画的意境。此笔筒以常见的"岁寒三友"松、竹、梅为题材，象征文人品质。

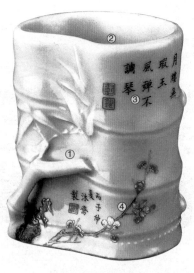

豆青釉加彩笔筒　清代

竹雕窥筒

竹雕携琴访友

竹雕东山报捷

竹雕侍女

◎笔洗式样

笔洗是一种用来盛水洗笔的器皿，以形制乖巧、种类繁多、雅致精美而广受青睐，传世的笔洗中，有很多是艺术珍品。笔洗的形制以钵盂为其基本形，其他的还有长方洗、玉环洗等。

① 窑 变

窑变即瓷器在烧制过程中釉色发生变化的一种现象。钩窑器以窑变色著称。此洗为钩窑烧制，在窑变后的洗表面可见清晰的蚯蚓走泥纹，为钩窑器的重要特征。

③ 鼓钉纹

鼓钉纹是一种应用较早的装饰纹样，常用于青铜器或瓷器装饰。鼓钉式洗为钩窑器中的常见造型。

② 腿 足

如意云头足显现活泼轻巧的特色，与上部的鼓钉纹搭配，可谓独具匠心。

④ 底 部

洗底施有芝麻酱釉，且有阴线刻"六"字铭文。

窑变天青釉鼓式洗　宋代

青玉桃式洗　明代

青玉荷叶洗　明代

竹雕寒蝉葡萄洗　清代

冬青釉暗龙纹长方形带盖笔洗　清代

俱可用。忌绦环及青白相间诸式。又有中盏作洗，边盘作笔砚[5]者，此不可用。

【注释】 〔1〕笔洗：盛水洗笔的容器，多为瓷器，式样繁多。

〔2〕鏒（sǎn）金：一种饰金工艺。

〔3〕卮（zhī）：古同"卮"，古代盛酒的器皿。

〔4〕小匜：古砚代盥洗时的舀水用具，形状像瓢。

〔5〕笔砚：搋笔用的碟子之类器皿。

【译文】 玉石笔洗有钵盂洗、长方洗、玉环洗；古铜笔洗有古鏒金小洗，有青铜小盂，有小釜、小卮、小匜，这五种原本不是笔洗，现在用作笔洗最好。陶瓷笔洗有官窑、哥窑产葵花洗、磬口洗、四卷荷叶洗、卷口蔗段洗；龙泉窑产有双鱼洗、菊花洗、百折洗；定窑产有三箍洗、梅花洗、方池洗；宣窑产有鱼藻洗、葵瓣洗、磬口洗、鼓形洗，这些都可用。忌用绦环及青白相间等式样。另外还有盅盏作笔洗，边盘作笔砚的，这些都不可用。

笔 船

【原文】 紫檀、乌木细镶竹篾者可用，惟不可以牙、玉为之。

【译文】 笔船即笔盘，紫檀、乌木镶有竹篾的，都可以用，唯独不可用象牙、玉石制作。

笔 砚

【原文】 定窑、龙泉小浅碟俱佳，水晶、琉璃诸式，俱不雅，有玉碾片叶为之者尤俗。

【译文】 定窑、龙泉窑的小浅碟笔砚都很好，水晶、琉璃的笔砚都不雅致，有一种玉碾片叶做的笔砚，尤其庸俗。

◎笔砚式样

　　"笔砚"一词最早出现于明代，为文房用笔前揾墨吮毫之具。据最初的记载，笔砚为一种小浅碟，呈片状造型，材质有陶瓷、水晶、琉璃、玉石等，以陶瓷居多。至清代时，笔砚在造型与材料上都有所变化，追求砚石者较多，造型上也出现了厚重的几何形和以天然籽料磨平而造就，留有纯朴古雅之色的式样。此时笔砚的另一名称"笔掭"也由此而生。也有人将"笔砚"与"笔掭"视为两物，但是二者实则为一种功用的器具，皆为掭拭毛笔的工具。

③ 雕刻手法

　　此笔砚采用了多种雕刻技法作装饰。其中一侧采用镂雕技法饰以瓜蒂，瓜蒂缠连着藤蔓、花朵、叶片、瓜实等，延伸于砚内。砚内以高浮雕及镂雕技法刻画出甲虫、蝴蝶等栩栩如生的形象。

① 材 质

　　象牙材质是一种非常昂贵的材料，常被用来加工制作成艺术品、首饰等。此笔砚采用象牙制作，置于书房内，观赏性极强。

② 造 型

　　此笔砚采用常见的片状结构，但在结构上采取半只瓜样式，平底。

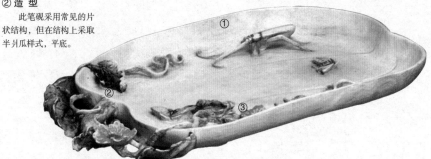

象牙雕瓜笔砚　清代

青玉叶式笔掭　清代

绿地粉彩凸花叶式笔掭　清代

黄玛瑙瓜叶形笔掭　明代

黄杨木雕叶形笔掭　清代

水中丞

【原文】以铜性猛，贮水久则有毒，易脆笔，故必以陶者为佳。古铜入土岁久，与窑器同，惟"宣铜"则断不可用。玉者有元口瓮，腹大仅如拳，古人不知何用，今以盛水，最佳。古铜者有小尊罍[1]小甑[2]之属，俱可用。陶者有官、哥瓷肚小口钵盂诸式。近有陆子冈所制兽面锦地与古尊罍同者，虽佳器，然不入品。

【注释】〔1〕罍（léi）：古代一种盛酒的容器。
〔2〕甑（zèng）：蒸馏或使物体分解用的器皿。

【译文】因为铜性猛烈，铜制水盂贮水过久就会有毒，容易坏笔，所以水盂用陶瓷的最好。出土的古铜器埋藏土里多年，其性与窑器相同了，也可以用，但明代的宣铜器绝不能用。有一种玉石圆口瓮，仅有拳头般大小，不知古人做什么用，现在用来装水正好。古铜器中的小酒杯、小水杯之类都可用。陶瓷的有官窑、哥窑所产的大肚小口钵盂等式样。近代有陆子冈制作的玉器，虽然做工极好，可与古酒器比美，但不入品级。

水 注[1]

【原文】古铜玉者俱有辟邪[2]、蟾蜍、天鸡、天鹿、半身鸬鹚杓[3]、金雁壶诸式滴子[4]，一合者为佳。有铜铸眠牛，以牧童骑牛作注管[5]者，最俗。大抵铸为人形，即非雅器。又有犀牛、天禄、龟、龙、天马口衔小盂者，皆古人注油点灯，非水滴也。陶者有官、哥、白定、方圆立瓜、卧瓜、双桃、莲房、蒂、叶、茄、壶诸式，宣窑有五采桃注、石榴、双瓜、双鸳诸式，俱不如铜者为雅。

【注释】〔1〕水注：给砚台注水的器具，也称砚滴。
〔2〕辟邪：古代传说中一种能驱邪避祸的神兽。
〔3〕鸬鹚杓（lú cí sháo）：一种柄部呈鸟头形的斟酒器具。

◎水盂式样

又名"水中丞""水丞",为研墨的储水用具。《古玉图谱》载:"水丞,注砚水的小盂,亦名水中丞。"水丞与水注有相似的功用,但是水丞有注水口而无出水口,一般用细长的柄匙来取水。

① **外表色泽**
珐琅釉料的使用使器表呈现晶莹、光滑之感,不仅装饰性极强,且极具耐磨性和耐腐蚀性。

② **铜 匙**
此水丞取水处位于凫鸟背部的圆孔处,内有一铜匙用于取水。

③ **制作工艺**
采用银胎制造,其上用银花丝掐出花纹,再填以透明、半透明的珐琅釉料,经500～600℃的低温多次烧制而成。

④ **造 型**
凫鸟造型,形象逼真,身体内部中空,背部有口。

烧蓝凫式水丞 清代

竹雕蟠松水盂 清代

烧蓝海螺式水丞 清代

铜镀金桃式水丞 清代

竹雕松树水盂 清代

碧玉太白醉酒水盂 清代

青玉双龙纹水丞 清代

◎水注式样

　　水注，又名"砚滴"，文房中用于注水于砚的工具，其名源于古代酒壶的"注子"之名。其造型一般较小，且造型各异，有小孔、嘴，可手按小孔掌握注水程度。其材质一般为陶瓷、玉等。

①材 质
　　通体为铜制，虽因年代久远，表面有锈迹，但整体效果仍非常雅观、富有光泽。

②造 型
　　仿照上古时期青铜器牺尊制造而成，呈站立状，弯牛角上有阴刻回纹，器身满布云纹，背部中空，且有一孔。

铜牺形水注　明代

铜错金银凤鸟形砚滴　明代

龙泉窑舟形砚滴　元代

白釉仰荷式小水注　五代

鸬鹚，即鱼鹰。

〔4〕滴子：滴水的器具。

〔5〕注管：注水管，俗称"嘴"。

【译文】 古铜和玉制的水注有辟邪、蟾蜍、天鸡、天鹿、半身鸬鹚杓、金大雁壶等式样的滴子，有盂有盖成套的，最好；还有一种铜铸的牧童骑牛做注管的样式最俗。大凡做成人形的，都不雅观。还有犀牛、天禄、龟、龙、天马口衔小盂等式样，这些是古人滴注灯油的器具，而不是水注。陶瓷水注有官窑、哥窑、定窑产竖立着的方圆瓜、横卧着的瓜、双桃、莲蓬、蒂、叶、茄子、壶等样式，宣窑产有五彩桃、石榴、双瓜、双鸳鸯等样式，都不如铜制的雅致。

糊 斗

【原文】 有古铜有盖小提卣〔1〕大如拳，上有提梁索股者；有瓮肚如小酒杯式，乘方座者；有三箍长桶、下有三足；姜铸回文小方斗，俱可用。陶者有定窑蒜蒲长罐，哥窑方斗如斛中置一梁者，然不如铜者便于出洗。

【注释】 〔1〕卣（yǒu）：古代酒器。

【译文】 糊斗，有古铜制的、拳头大小的有盖小提卣，上面有绳索形的提把；有肚身如小酒杯，下有方座的；有三箍长桶，下有三脚的；有姜氏铸的回纹小方斗，这些都可用。陶瓷的有定窑蒜形长罐，哥窑有提把的方斗，但都不如铜器便于清洗。

蜡 斗

【原文】 古人以蜡代糊，故缄封必用蜡斗熨之，今虽不用蜡，亦可收以充玩，大者亦可作水杓。

【译文】 古人用蜡代替糨糊，因此封口就要用蜡斗熨

□ 糊 斗

糊斗为文房用具之一，是缄封或贴书写文稿必不可少的用具。其材质有瓷制、古铜制等。造型种类很多，有的极为别致，方斗如斛，也有瓮肚如小酒杯者。

烫，现在虽然不用蜡斗，但可作玩物收藏，大的也可作水
盂用。

镇 纸

【原文】 玉者有古玉兔、玉牛、玉马、玉鹿、玉羊、
玉蟾蜍、蹲虎、辟邪、子母螭诸式，最古雅。铜者有青绿
虾蟆、蹲虎、蹲螭、眠犬、鎏金辟邪、卧马、龟、龙，亦
可用。其玛瑙、水晶、官、哥、定窑，俱非雅器。宣铜
马、牛、猫、犬、狻猊之属，亦有绝佳者。

【译文】 镇纸以玉石制的古玉兔、玉牛、玉马、玉
鹿、玉羊、玉蟾蜍、蹲虎、辟邪、子母螭等式样最古雅；
铜制的青绿虾蟆、蹲虎、蹲螭、眠犬、鎏金辟邪、卧马、
龟、龙，也可以。玛瑙、水晶、官窑、哥窑、定窑瓷器
的，都不雅。宣德年间铜制的马、牛、猫、犬、狻猊之
类，也有极好的。

压 尺

【原文】 以紫檀、乌木为之，上用旧玉璏为纽，俗所
称"昭文带"是也。有倭人鏒金双桃银叶为纽，虽极工致，
亦非雅物。又有中透一窍，内藏刀锥之属者，尤为俗制。

【译文】 压尺用紫檀、乌木做成，上面用旧的玉制剑
鼻做纽，俗称"昭文带"。有一种日本所制鏒金双桃银叶
的压尺，虽然非常精致，但也不属雅物。还有在中间挖一
个孔，里面放置刀锥之类东西的，更是低俗之物。

秘 阁[1]

【原文】 以长样古玉为之，最雅；不则倭人所造黑漆
秘阁如古玉圭者，质轻如纸，最妙。紫檀雕花及竹雕花巧
人物者，俱不可用。

◎镇纸式样

镇纸又叫"纸镇""文镇"或"镇尺""书镇"等，指写字作画时用以压纸的东西。镇纸的起源是由于古代文人对小型青铜器、玉器等的珍赏，常放置案头把玩，因其有一定的分量，往往随手拿来压纸、压书，后逐渐发展成为一种文房用具。

水晶古琴式镇纸　清代

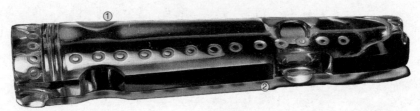

①材　质

在文房用具中，镇纸材质的选用比较宽泛，有铜、玉、石、瓷、木、竹等多种。

②造　型

镇纸常做成禽兽诸形，明代镇纸多为尺状，清代镇纸的材质较明代增加了瓷、象牙、珐琅等，仍以尺形为主。清代铜镇纸在沿袭明代风格的同时，造型有所创新，特别是随着工艺技术的进步，装饰味道十分浓郁的镇纸开始出现，可谓集观赏性与实用性于一器。

铜嵌银丝蹲虎镇纸　清代

铜嵌银丝卧羊镇纸　清代

玻璃枭式镇纸　清代

螭龙镇纸　明代

象牙雕松树镇纸　清代

◎ 压尺式样

压尺，即镇尺，功用与镇纸相通，用于压纸或书籍，上面刻有铭文或对联，显现书卷气息。有的压尺是成对使用的。

① 形 制

古代镇纸形制多为长条形，整体厚重，通常雕刻有兰、菊、梅、竹并配以诗句的图案。明清的书画艺术的发展，极大地促进了文房用具的变化，出现了大量采用兔、马、羊、鹿、蟾蜍等动物的立体造型的镇尺。

② 材 质

镇纸的材质丰富多样，有玉、瓷、竹、木、铁、铜等，明清镇纸的制作材料中又增加了石材、紫檀木、乌木等，其中以石材居多。以青铜器物作为镇纸也曾一度成为文人中的时尚。

桦木雕灵芝形长镇尺　清代

铜嵌珐琅镇尺　清代

青玉龙纹压尺　清代

【注释】〔1〕秘阁：古人看书时用以枕臂的用具。

【译文】用长条古玉做成的秘阁最古雅。另外日本所造黑漆秘阁，轻薄如纸，也很美观。紫檀雕花及竹子雕刻花卉人物的，均不可用。

贝 光[1]

【原文】古以贝螺为之，今得水晶、玛瑙，古玉物中，有可代者，更雅。

【注释】〔1〕贝光：《遵生八笺·燕闲清赏笺》有"贝光多以贝、螺为之，形状亦雅，但手把稍大，不便用"。

【译文】贝光在古代是用贝壳、螺壳做成，现在多是

◎秘阁式样

　　秘阁即臂搁，是书写时搁放手臂的用具。古人的书写方式为自右至左，当用毛笔书写时，为防止手腕与未干的字迹相接触而损坏纸面，所以用臂搁垫起。

①纹 饰

　　因是枕臂之用，秘阁的纹饰多浅刻平雕，以刻制书画为主。有镌座右铭以为警策，有刻所喜之诗画以作欣赏，有刊挚友亲人之赠言以为留念，它甚至还有一些秘记档册的作用，故极受士人的偏爱。

②造 型

　　臂搁下方一般有足，上方做工要光滑。

③材 质

　　秘阁材质多为竹木、象牙、红木、紫檀木等，长约一尺多，宽约两寸。

碧玉灵竹仙鹤松椿臂搁　清代

象牙雕古木寒雀图臂搁　清代

铜十八罗汉臂搁　清代

金星玻璃书卷式山水图臂搁　清代

瓷仿竹雕云蝠纹臂搁　清代

水晶、玛瑙的。古玉器中有可做贝光使用的，最好。

裁 刀

【原文】 有古刀笔[1]，青绿裹身，上尖下圆，长仅尺许，古人杀青为书，故用此物，今仅可供玩，非利用也。日本番夷[2]有绝小者，锋甚利，刀把俱用鸂鶒木[3]，取其不染肥腻，最佳。滇中鏒金银者亦可用；溧阳、昆山二种，俱入恶道，而陆小拙为尤甚矣。

【注释】 〔1〕刀笔：古人在竹简上写字，要除去表面青皮，写字有误须刮去重写，所以称"刀笔"。

〔2〕番（fān）夷：旧指边境的少数民族。番，古同"番"。

〔3〕鸂鶒（xī chì）：又名鸡翅木、红豆木。鸂鶒，一种水鸟。

【译文】 古代刀笔，通身青绿，上尖下圆，长一尺多，古人在竹简上写字，要先刮去表面的青皮，所以要用它，现在已经无用，仅供赏玩而已。有一种日本制造的小裁纸刀极好，刀刃非常锋利，刀把用红豆木做成，不沾油腻。云南鏒金银的裁刀也可用。溧阳、昆山两地产的，都落入俗套，而陆小拙所制刀具却特别精美。

□ **裁 刀**

　　裁刀为书房裁纸、割纸用，一般为长条形，基本构造为刀身与刀柄，象牙质刀身为常见之物，其上常有雕刻花纹。刀柄及刀鞘有金属制也有竹制。

竹黄浮雕夔龙纹象牙裁刀　清代

犀角雕狮子形裁刀　清代

剪 刀

【原文】 有宾铁剪刀，外面起花镀金，内嵌回回字者，制作极巧，倭制摺叠者，亦可用。

【译文】 有一种精铁制作的剪刀，外面有镀金花纹，里面刻有回族文字，制作极其精巧。日本制作的折叠式剪刀，也可用。

书 灯

【原文】 有古铜驼灯、羊灯、龟灯、诸葛灯，俱可供玩，而不适用。有青绿铜荷一片檠[1]，架花朵于上，古人取金莲之意，今用以为灯，最雅。定窑三台、宣窑二台者，俱不堪用。锡者[2]取旧制古朴矮小者为佳。

【注释】 〔1〕檠（qíng）：灯台。
〔2〕锡者：出自《仪礼·表服第十一》"传曰'锡者何也？麻之有锡者也'"，意谓将麻布加灰捶洗，使其洁白光滑。

【译文】 书灯有古铜驼灯、羊灯、龟灯、诸葛灯，这些灯都可供赏玩，但不适用。有一种青绿铜古灯台，形状如在一片荷叶上竖起一枝荷花，古人取金莲之意，现在用来作灯，非常古雅。定窑三台、宣窑二台，都不能使用。按照古旧制，用洁白光滑的麻布做成，其形状以古朴矮小为佳。

灯

【原文】 闽中珠灯第一，玳瑁、琥珀、鱼鮌次之，羊皮灯名手如赵虎所画者，亦当多蓄。料丝出滇中者最胜，丹阳所制有横光，不甚雅；至如山东珠、麦、柴、梅、李、花草、百鸟、百兽、夹纱、墨纱等制，俱不入品。灯样以四方如屏，中穿花鸟，清雅如画者为佳，人物、楼阁，仅可于羊皮屏上用之，他如蒸笼圈、水精球、双层、

◎灯的式样

　　灯是使用火、保存火的技术延续。在远古时期，随着人们能够熟练使用火并能够长期保存，火的功用逐渐得到发挥和拓展。随着灯的出现和发展，其作用不仅是照明，还逐步发展成为兼有实用和审美双重功能的文化。

① 烟 道

　　此烟道构造特殊，与宫女高举的右臂相通而成。

② 灯 盘

　　灯盘处有一方銎柄，且内部有残存朽木。

③ 灯 座

　　灯座为豆形，由宫女左手持之，上托灯盘。

④ 灯 罩

　　灯罩由两片弧形板合拢而成，可以通过活动来调节光照度和方向。

⑤ 材 质

　　此灯通体鎏金制作。鎏金为古代金属工艺的技法之一，在春秋战国时就已出现，汉代时称为金涂或黄涂。其具体做法是将金和水银合成金汞齐，涂在铜器表面，加热后使水银蒸发，金就附着在器面而不脱落。

⑥ 造 型

　　此灯造型别致，为一宫女跽坐持灯状，器内中空。整体构造分头部、躯干、右臂、灯座、灯盘和灯罩六部分，且各部分均可拆卸。

长信宫灯　汉代

永乐青花折枝花卉八方烛台　明代

铜羊灯　汉代

铜骆驼人俑灯　唐代

三层者，俱恶俗。篾丝者虽极精工华绚，终为酸气。曾见元时布灯，最奇，亦非时尚也。

【译文】 灯，要数福建珠灯最好，玳瑁、琥珀、鱼脑骨稍次之，羊皮灯由赵虎等名家画的，也应多收藏一些。料丝灯以产自云南的最好；丹阳产的，有横光，不是很好；至于山东的珠灯、麦灯、柴灯、梅花灯、李花灯、百鸟灯、百兽灯、夹纱灯、黑纱灯等，都不够品级。灯的样式以四面如屏、画上花鸟、清雅如画为佳，人物、楼阁只可用于羊皮灯，其他的如蒸笼圈、水晶球、双层、三层等样式的，都很俗。篾条编织的，虽然做工精巧绚美，终有酸腐之气。曾见元代的布罩灯，很奇特，也不时尚。

镜

【原文】 秦陀、黑漆古、光背质厚无文者为上，水银古花背者次之。有如钱小镜，满背青绿，嵌金银五岳图者，可供携具；菱角、八角、有柄方镜，俗不可用。轩辕镜，其形如球，卧榻前悬挂，取以辟邪，然非旧式。

【译文】 镜子，以饰有秦代图形的古镜、黑漆色的古铜镜，厚实而无纹饰的为上品；水银色古铜有纹饰的稍次。有一种铜钱大的小镜，背面布满铜绿，镶嵌金银五岳图样的，便于携带；菱角形、八角形及有柄方镜，俗不可用。轩辕镜，形状如球，悬挂在卧榻前，用以辟邪，但也不属旧式。

钩

【原文】 古铜腰束绦钩，有金、银、碧填嵌者，有片金银者，有用兽为肚者，皆三代物也；有羊头钩、螳螂捕蝉钩，鏒金者，皆秦汉物也。斋中多设，以备悬壁挂画，及拂尘、羽扇等用，最雅。自寸以至盈尺，皆可用。

◎镜的式样

古代的镜子是用铜做的，所以又叫"铜镜"。在古代，铜镜是人们不可缺少的生活用具，又是制作精良的工艺品，是我国古代文化遗产中的瑰宝。

① 造 型

镜之造型以圆形为主，后在其基础上又有许多装饰性或寓意性的造型变化。此镜为菱花形。

② 铭 文

此镜为清宫内府造，莲花钮座周围有192字的铭文。

③ 钮

位于镜背面中央部分，其上有孔，可以系带，既可手持也可佩。常见的镜钮有弓形、乳状、圆形、椭圆形等。此镜为圆柱形钮。

乾隆八卦纹镜　清代

④ 主体纹饰

镜背分内外区，一般以内区纹饰作为主体纹饰，此镜以八卦纹为主体纹饰。

⑤ 钮 座

钮座即镜钮周围，与镜钮紧密相连的装饰部分。有素圆钮座、花瓣钮座、叶纹钮座、连珠纹钮座等多种形式。此镜为莲花钮座。

神兽铭文镜　汉代

镏金葵花鸾鸟镜　唐代

日光铭草叶纹镜　西汉

人物蹴鞠纹青铜镜　宋代

◎钩的式样

古人衣着常束以腰带。而有些腰带硬而厚实，无法系结，因此使用时多借助于带头扣联，此类带头通常被制成钩状，所以叫"钩"。

① 钩 身
钩身中部大多向前凸起，尾部向后翘，常见的钩身有琵琶形、棒形、条形等，且其上部多装饰有各种线刻或浮雕、透雕等纹饰。

② 钩 头
即带钩上部向回弯曲的部分。早期带钩的钩头没有装饰，后来逐渐增加龙首、凤首、虎头、禽鸟等形象。此钩头为龙首形。

③ 钮
钩钮多位于钩身背面的中部偏下的位置，呈圆形或椭圆形。

④ 材 质
带钩以铜带钩最为普遍，但在早期出土文物中多见玉带钩。此带钩亦为青玉制作。

龙首螭纹带钩　明代

交龙金带钩　战国

玉带钩　战国

错金嵌松石带　明代

【译文】 古代腰带铜钩，有用金、银、玉镶嵌的，有装饰金银片的，有做成兽形的，这都是夏、商、周三代的古物；有雅致的羊头钩、螳螂捕蝉钩，都是秦、汉时期的。居室多置备一些，用来悬挂书画及拂尘、羽扇等，最好。小到一寸，大到一尺，都可用。

束 腰

【原文】 汉钩、汉玦仅二寸余者，用以束腰，甚便；稍大，则便入玩器，不可日用。绦用沈香、真紫，余俱非所宜。

【译文】 汉代的带钩、佩玉，只有二寸左右，用来束腰，非常方便；稍微大一些的，就属于玩物了，不适合日常使用。编丝绳用沉香、真紫制作，其他的都不适宜。

禅 灯[1]

【原文】 高丽者佳，有月灯，其光白莹如初月；有日灯，得火内照，一室皆红，小者尤可爱。高丽有仰莲、三足铜炉，原以置此，今不可得，别作小架架之，不可制如角灯之式。

【注释】 〔1〕禅灯：用高丽窃石做成的石灯，窃内盛油点灯，所用石头不同而发出不同光色，发白光的为月灯，发红光的为日灯。

【译文】 禅灯，以高丽的为佳，有月灯，灯光洁白晶莹如新月；有日灯，灯光映照，满屋通红，小型的，尤其可爱。高丽有俯仰莲、三足铜炉，另做小架子搁置，不可做成角灯的样子，原来此地均有，现已见不到。

香橼[1]盘

【原文】 有古铜青绿盘，有官、哥、定窑青冬磁，龙泉大盘，有宣德暗花白盘，苏麻尼青盘，朱砂红盘，以置香橼，皆可。此种出时，山斋最不可少。然一盘三四头，既板且套，或以大盘置二三十，尤俗，不如觅旧朱雕茶橐架一头，以供清玩，或得旧磁盘长样者，置二头于几案间，亦可。

【注释】〔1〕香橼：一种常绿小乔木或大灌木。果实长圆形，黄色，果皮粗厚，气味芳香，可供观赏，也可入药。

【译文】香橼盘，有古代青铜盘，有官窑、哥窑、定窑的青冬瓷盘，龙泉窑大瓷盘，有宣德窑的暗花白盘、青花盘，朱砂红盘，这些都可用来放置香橼。香橼结果时，山居最不可少。但是，如一盘三四颗，又呆板又俗套，如用大盘放上二三十颗，更俗；不如在古朱雕茶托上搁一颗，以供清玩，或者在古旧长瓷盘上放两颗，置于几案间。

如 意〔1〕

【原文】古人用以指挥向往，或防不测，故炼铁为之，非直美观而已。得旧铁如意，上有金银错〔2〕，或隐或见，古色蒙然〔3〕者，最佳。至如天生树枝竹鞭等制，皆废物也。

【注释】〔1〕如意：一种象征吉祥的器物，用玉、竹、骨等制成，头呈灵芝形或云彩状，柄微曲，供赏玩。
〔2〕金银错：一种在凹下去的文字、花纹中镶嵌或涂上金、银的工艺。
〔3〕蒙然：看不清。

【译文】如意，古人是用来指挥往来或预防不测的，不只是美观而已，所以用铁铸成。古旧的铁如意上面有金银错，若隐若现，古色朦胧，极其古雅。至于用天生的树枝、竹根等制作的，都是废物。

◎如意式样

　　古代民间用以搔痒的工具，柄端如手指形，用以搔痒，可如人意，因而得名。如意的材质有竹、骨、铜、玉、象牙、松石等。其柄端作"心"形，头呈灵芝形或云形。法师讲经时，常手持如意一柄，记经文于上，以防遗忘。

①头
灵芝形、云形。

②柄
微曲，供指划用或玩赏。

松堂生制黄杨三友灵芝式如意　清代

玉龙凤灵芝式如意　清代

翡翠如意　清代

碧玉如意　清代

铜鎏金嵌玉五福如意　清代

麈[1]

【原文】 古人用以清谈，今若对客挥麈，便见之欲呕矣。然斋中悬挂壁上，以备一种。有旧玉柄者，其拂以白尾及青丝为之，雅。若天生竹鞭、万岁藤，虽玲珑透漏，俱不可用。

【注释】 〔1〕麈（zhǔ）：古书上鹿一类的动物，尾巴可以做拂尘。

【译文】 古时，拂尘是用于人们清谈之时拂尘驱蚊虫之用，现在如对着客人挥舞拂尘，就会令人作呕了。但是居室可置备一把悬挂在墙上，如收藏一把旧玉柄的白麈尾或青色丝线的拂尘，就更为古雅。那些天生竹根或野藤做的，虽然玲珑剔透，但不能使用。

钱

【原文】 钱之为式甚多，详具《钱谱》，有金嵌青绿刀钱，可为籤[1]，如《博古图》等书成大套者用之。鹅眼货布，可挂杖头。

【注释】 〔1〕籤（qiān）：用于占卜或赌博的用具。

【译文】 古钱种类很多，《钱谱》有详细的记载。有金嵌青铜刀币，可作签，如《博古图》等书都有系统的介绍。鹅眼小钱、布币可挂在手杖头上作装饰。

瓢

【原文】 得小匾葫芦，大不过四五寸，而小者半之，以水磨其中，布擦其外，光彩莹洁，水湿不变，尘污不染，用以悬挂杖头及树根禅椅之上，俱可。更有二瓢并生者，有可为冠者，俱雅。其长腰鹭鸶曲项，俱不可用。

【译文】 瓢，由大不过四五寸，小则二三寸的葫芦对

□ 麈尘

　　麈尘，古人闲谈时执以驱虫、掸尘的一种工具。在细长的木条两边及上端插设兽毛，或直接让兽毛垂露外面，类似马尾松。因古代传说鹿之大者谓之麈，群鹿皆随之。鹿迁徙时，以头麈的尾巴作为方向标志，故称。之后古人清谈时必执麈尘，相沿成习，为名流雅器，不谈时，亦常执在手。

◎钱币式样

　　半两钱在战国秦即已铸行，初为国钱，旋即改为方孔圆钱。秦统一中国后也统一了货币，规定黄金为上币，单位"镒"（合20两）；铜为下币，单位"半两"。随后，半两钱在全国推行，而方孔圆钱这种货币形制一直沿用了两千余年。

① 肉

　　钱币内外部间无文字和图案的部分，厚的叫"厚肉"，薄的叫"薄肉"。

② 外 部

　　即钱身外周突出的部分，又称"外像""外轮""肉郭""边郭"。

③ 内 郭

　　钱孔四周穿出的部分，又称"好郭"。

④ 孔

　　孔较大的叫"广穿"，孔较小的叫"狭穿"。

⑤ 面与背

　　面，即钱币的正面，面有文。背，即钱币的背面，又称为"幕"；背有背文，也称"好"；方的叫"方穿"或"方孔"；圆的叫"圆穿"或"圆孔"。

半两钱　秦代

异形钱币——半斤　先秦

鹰币　先秦

一刀平五千币　新朝

方足布向邑钱　先秦

大黄布千币　新朝

剖而成。将里外擦拭打磨，使其光洁平滑，不沾尘污，见水不变形，将它挂在手杖上、树根禅椅上都可以。还有二瓢并生的、可用作帽子的，都很好。但中间细长的、如鹭鸶颈项形的，及颈部弯曲的葫芦，都不能用。

钵

【原文】 取深山巨竹根，车旋为钵[1]，上刻铭字或梵书，或《五岳图》，填以石青，光洁可爱。

【注释】 〔1〕钵：形如盆且小的器具，多用作僧人食具。

【译文】 钵，取深山大竹根用车旋法制成圆形，钵体刻上铭记或佛经，或《五岳图》，填入石膏打磨后，光洁可爱。

花 瓶

【原文】 古铜入土年久，受土气深，以之养花，花色鲜明，不特古色可玩而已。铜器可插花者：曰"尊"，曰"罍"，曰"觚"[1]，曰"壶"，随花大小用之。磁器用官、哥、定窑古胆瓶，一枝瓶、小蓍草瓶，余如暗花、青花、茄袋、葫芦、细口、匾肚、瘦足、药坛及新铸铜瓶，建窑等瓶，俱不入清供，尤不可用者，鹅颈壁瓶[2]也。古铜汉方瓶，龙泉、均州瓶，有极大高二三尺者，以插古梅，最相称。瓶中俱用锡作替管盛水，可免破裂之患。大都瓶宁瘦，无过壮，宁大，无过小，高可一尺五寸，低不过一尺，乃佳。

【注释】 〔1〕曰"尊"、曰"罍"、曰"觚"：尊、罍、觚，均为古代盛酒或盛水的容器。

〔2〕鹅颈壁瓶：一种挂在墙壁上的瓶子，形如鹅颈。

【译文】 古铜花瓶不仅古色古香，可供赏玩，而且因

◎钵的式样

　　钵是一种形状像盆，比盆小的陶制器具，可用以洗涤、盛放东西，如饭、菜、茶水等。钵也是为僧人化缘所用的食器，有瓦钵、木钵、铁钵等。僧人只被允许携带三衣一钵，一钵之量刚够一僧食用。

① 材 质

　　钵最初为僧人使用时，其遵循"体法"的规定，故只能用"瓦、铁"塑铸。后来钵渐入百姓家，其材质也多样化，除瓦、铁之外，还有陶瓷、泥、玻璃、铜、玉、金等材质。

② 纹 饰

　　因钵最初为法器，其纹饰内容也与宗教有关，常见纹饰以经文和佛像为主体，且大多间隔放置。

棕竹七佛钵　清代

③ 颜 色

　　按钵的"色"规定，其色以黑、赤、灰三色为主，不得熏染其他颜色。

④ 造 型

　　钵的形状呈矮盂形，腰部外鼓，钵口与钵底向中心收缩，钵的体积大者可放三斗，小者可放半斗。

玉七佛钵　明代

青花海水龙纹钵　明代

唐三彩钵　唐代

经文铜钵　清代

　　其藏土多年，地气深厚，用来养花，则花色鲜亮。可用于插花的铜器有"尊""罍""觚""壶"，根据花的大小选用。瓷器的用官窑、哥窑、定窑古胆瓶，一枝瓶、小蓍草瓶、纸槌瓶，其余如暗花、青花、茄袋、葫芦、细口、扁肚、瘦足、药坛及新铸铜瓶，建窑等瓷瓶，都不能用于清玩，尤其不能用鹅颈壁瓶。古铜汉代方瓶，龙泉窑、均州窑有一种二三尺大的瓶子，用来插梅花，最合适。瓶子中用锡制内胆盛水，可防止瓶子破裂。花瓶宁可

◎花瓶式样

花瓶为室内常见的陈设品，外表美观光滑，内底部通常盛放有水，用以插花枝。无多大的实用价值，只是一种装饰物或爱好古玩者的收藏物，且易坏。

① 材 质

花瓶多为陶瓷制或玻璃制，也有以水晶等昂贵材料制作的。古人也有用铜制造的花瓶，古色古香，用来插花别具意味。

② 造 型

花瓶的造型多种多样，古人也常将其作为玩物收藏。常见的传统花瓶造型是口部稍大，颈部细长，其下有较大的过渡弧度，再往下方线条收住，呈"S"形。

③ 纹 饰

古代瓷瓶纹饰多以龙、凤、花卉等为主，也有人物，民间故事，文字诗词等题材。

铜胎掐丝珐琅花卉纹长颈瓶　清代

五彩八仙人物纹觚　清代

素三彩菊花耳瓶　明代

绿釉黑花瓶　宋代

瘦长，不可过于粗壮，宁大勿小，瓶高在一尺到一尺五寸最合适。

钟 磬

【原文】 不可对设，得古铜秦、汉镈钟、编钟，及古灵璧石磬声清韵远者，悬之斋室， 击以清耳。磬有旧玉者，股三寸，长尺余，仅可供玩。

【译文】 钟磬不可相对摆设。收集秦、汉时的古铜镈钟、编钟及古灵璧石磬中声音清越悠远的，悬挂在居室，不时敲击，以悦耳爽心。有一种古玉石磬，股三寸，长一尺多，只可赏玩。

杖

【原文】 鸠杖最古，盖老人多咽，鸠能治咽故也。有三代立鸠、飞鸠杖头，周身金银填嵌者，饰于方竹、笻竹、万岁藤之上，最古。杖须长七尺余，摩弄滑泽，乃佳。天台藤更有自然屈曲者，一作龙头诸式，断不可用。

【译文】 鸠杖最古老，因为老人容易哽噎，鸠鸟能治哽噎，所以将手杖的把手做成鸠鸟形。鸠杖有夏、商、周时期的立鸠、飞鸠杖头，周身镶嵌金银，装在方竹、笻竹、万岁藤之上，非常古雅。手杖应有七尺多长，经长年使用，摩弄光滑的最好。天台藤本有自然弯曲的，如做成龙头等样子，就不可用了。

坐 墩

【原文】 冬月用蒲草为之，高一尺二寸，四面编束，细密坚实，内用木车坐板以柱托顶，外用锦饰，暑月可置藤墩，宫中有绣墩，形如小鼓，四角垂流苏[1]者，亦精雅可用。

◎编钟式样

　　编钟是一种打击乐器，一般为青铜铸成，由大小不同的扁圆钟按音调高低的次序排列，并悬挂在一个巨大的钟架上。用"丁"字形的木槌和长形的棒分别敲打铜钟，发出不同的乐音，因为每个钟的音调不同，按音谱敲打，可以演奏出美妙的乐曲。我国在西周时期就有了编钟，那时候的编钟一般由大小三枚组成。春秋末期到战国初期的编钟数目则逐渐增多，最多有九枚一组和十三枚一组。

①钟梁

　　编钟的木质横梁髹漆彩绘，两端有龙、凤浮雕或透雕的铜套装饰。

②编钟

　　全套曾侯乙编钟的装饰有人、兽、龙、花和几何形纹，采用了圆雕、浮雕、阴刻、彩绘等多种技法，以赤、黑、黄色与青铜本色相映衬。

③底座

　　由八对大龙和数十条纠结缠绕的小龙构成，龙身互相缠绕，底座整体镂空并镶嵌绿松石。

④编钟架

　　呈曲尺形，为铜木结构，全套编钟共六十五件，分三层八组，悬挂其上。

⑤木棒

　　编钟出土时，在近旁有两根彩绘木棒，是用来敲钟和撞钟的。

曾侯乙墓编钟　战国
（长748cm，高265cm）

龙纹大钟　西周

镈钟　春秋

◎杖首式样

杖首，即手杖，又名"权杖"，起源较早，据推测由早期木棒等狩猎工具演化而来，后成为一种具有感召力的权杖。新石器时代晚期及青铜时代常有杖类物出土。玉杖则历代都有发现，造型、雕琢工艺十分精美，常吸引古玉收藏家。杖首的形态是持杖者地位、权力的重要标志，所以犹为考究。

□ 铜鸠杖首　战国

铜质，以鸠鸟饰杖首，意为祝老人饮食顺畅，不受噎呃。

□ 铜人形杖首　战国

铜质，杖首为双膝跪地的中年妇人，面色木讷，单手护在胸前，似乎在克制着自己的满怀愁绪，颇为触动人心。

□ 玉鸠杖首　汉代

玉质，杖首为鸠。相传，鸠为不噎之鸟，汉廷赐70岁以上老者以鸠为杖首，寓有祝福长寿之意。

□ 铜鱼形杖首　汉代

铜质，杖首为鱼形，成对放置，头部较尖长，尾分作两叉，当属专用仪仗器。

◎坐墩式样

　　坐墩的特点是上下对称，两端细，腹部较粗，往往保留有藤墩的圆形开光和木鼓上钉鼓皮的铆钉痕迹，便于提走携带，因其墩面常覆盖一层丝织物，又名"绣墩"，也称"鼓墩"。

① 墩 面

　　石、瓷、木等材质都可制坐墩。坐墩材质虽有不同，但在墩上都常覆盖锦绣一类的织物作垫子。此坐墩为紫檀木制，墩面心平镶木板。真正使用时常在墩面上覆以垫子。

② 弦纹线脚

　　在上部鼓钉之下、下部鼓钉之上各有一道弦纹线脚。

③ 墩 底

　　墩底一般由一块木头制作而成，其目的是保证墩圈的牢固和能够承受较大重量。

④ 鼓 钉

　　鼓钉为坐墩上的常有装饰，位于墩上下部分的近口、近足处。其制作时采用铲地技法制作，鼓钉微微高起，非常圆润。

⑤ 开 光

　　开光装饰在坐墩上较为常见，坐墩的开光来自于古代藤墩，用藤子盘圈做成的墩壁。此墩有六个开光装饰，椭圆形，并用紫檀木镶边。

鸂鶒木嵌紫檀木六开光绣墩　清代

（面径27.5cm，高46.5cm）

紫檀开光番草纹绣墩　清代

龙泉窑青釉孔雀牡丹纹绣墩　明代

【注释】 〔1〕流苏：装在车马、楼台、帐幕等物上的穗状饰物。

【译文】 坐墩，冬天用蒲草的，高一尺二寸，四面编织密实，内用立柱、木板作衬，外用织锦装饰；夏天可用藤墩，宫中有绣墩，形如小鼓，四角垂吊流苏，也很精巧雅致。

坐 团

【原文】 蒲团大径三尺者，席地快甚，棕团亦佳；山中欲远湿辟虫，以雄黄熬蜡作蜡布团，亦雅。

【译文】 蒲团直径约三尺，用于席地而坐，十分方便，棕团也很好。居住山中，为防止受潮生虫，可用蜡和雄黄一起煎熬，做成蜡布坐团，也很雅致。

数 珠

【原文】 数珠[1]以金刚子小而花细者为贵，宋做玉降魔杵[2]、玉五供养为记总[3]，他如人顶、龙充、珠玉、玛瑙、琥珀、金珀、水晶、珊瑚、车渠者，俱俗；沉香、伽南香者则可。尤忌杭州小菩提子，及灌香于内者。

【注释】 〔1〕数珠：念珠，佛教用物。
〔2〕降魔杵：佛教法器，形如手杖，用以降伏鬼怪。
〔3〕五供养为记总：五供养，指供佛的五种方式，即涂香、供花、烧香、饭食、灯明；记总，指一串数珠中插入的配件，用以记数。

【译文】 数珠以珠小而花纹细的菩提树种子做的为贵，宋代的玉石降魔杵、玉石五供养做记总，其他如人头骨、龙鼻骨、珠玉、玛瑙、琥珀、金珀、水晶、海贝壳做数珠，都很俗气；沉香、伽南香则可以；尤其忌用杭州小菩提树子，及里面灌注香料的。

番　经

【原文】　常见番僧佩经，或皮袋，或漆匣，大方三寸，厚寸许，匣外两旁有耳系绳，佩服中有经文，更有贝叶金书[1]，彩画、天魔变相，精巧细密，断非中华所及，此皆方物，可贮佛室，与数珠同携。

【注释】　〔1〕贝叶金书：贝叶树叶上描金字的书页。贝叶树的叶子大而薄，可作纸写字。

【译文】　常见外国僧人随身携带经书，有的用皮袋子装，有的用漆盒子装，盒子大三寸见方，厚一寸多，盒子两旁有耳系上绳子。僧人携带的有佛经，还有贝叶金书、彩画、天神画像，精巧细密，绝不是中华能比的，这些外来佛物，可收藏一些放在佛堂，与数珠相配。

扇　扇坠

【原文】　羽扇最古，然得古团扇雕漆柄为之，乃佳；他如竹篾、纸糊、竹根、紫檀柄者，俱俗。又今之摺叠扇，古称"聚头扇"，乃日本所进，彼国今尚有绝佳者，展之盈尺，合之仅两指许，所画多作仕女、乘车、跨马、踏青、拾翠之状，又以金银屑饰地面，及作星汉人物，粗有形似，其所染青绿甚奇，专以空青[1]、海绿[2]为之，真奇物也。川中蜀府制以进御，有金铰藤骨、面薄如轻绡者，最为贵重。内府别有彩画、五毒、百鹤鹿、百福寿等式，差俗，然亦华绚可观。徽、杭亦有稍轻雅者。姑苏最重书画扇，其骨以白竹、棕竹、乌木、紫白檀、湘妃、眉绿[3]等为之，间有用牙及玳瑁者，有员头、直根、绦环、结子、板板花诸式，素白金面，购求名笔图写，佳者价绝高。其匠作则有李昭、李赞、马勋、蒋三、柳玉台、沈少楼诸人，皆高手也。纸敝墨渝，不堪怀袖，别装卷册以供玩，相沿既久，习以成风，至称为姑苏人事，然实俗

◎扇坠式样

　　扇坠，即系于扇柄下端的装饰物，多以玉石、桃核、橄榄核等雕刻而成，或编结流苏，持扇时扇坠摇晃左右尽显扇子美姿。扇坠有三个共同点：一是小巧，通常长不过寸许，重不过四钱；二是精致，因其小巧，雕刻难度大，却都十分精细；三是图案均寓意吉祥，而且大多与持扇人的喜好有关。

① 造 型
　　扇子造型中以折扇和团扇常见，此扇为圆腰芭蕉形。

② 材 质
　　中国扇文化历史悠久，材质也多种多样，竹、木、纸、象牙、玳瑁、翡翠、翎毛等都可制扇。此扇即为象牙质，用厚不足1毫米的象牙丝编织成蒲纹锦地。

③ 工 艺
　　此扇在制作工艺上极为精细，将编织与浮雕巧妙结合在一起，在象牙编织的蒲纹锦地上镶嵌玉兰、芍药等花卉和蓝胸鸟，寓意"玉堂富贵"。扇面中心嵌有棕竹柄梁，镶有铜镀金点蝙蝠纹护顶，柄梁嵌有盘夔、宝相花纹的四色蜜蜡护托。扇边包镶有玳瑁框，握柄有骨珠及淡绿色的花蝶纹，且有黄色丝穗作装饰。整个扇子制作精细，孔缝均匀，所饰纹样色调清新亮丽，富有华贵之感。

象牙丝编玉堂富贵宫扇　清代
（长57.5cm，宽33.6cm）

翡翠扇坠　清代

翡翠坠　清代

白玉双体鸟扇坠　宋代

制，不如川扇适用耳。扇坠宜用沉香为之，或汉玉小玦及琥珀眼掠^[4]皆可，香串、缅茄^[5]之属，断不可用。

【注释】〔1〕空青：一种矿物药。

〔2〕海绿：一种产自外国的绿色颜料。

〔3〕眉绿：斑竹的种类之一。

〔4〕眼掠：如现在的墨镜。

〔5〕缅茄：常绿乔木，种子可入药，或雕刻成装饰品。

【译文】　扇子中，羽毛扇最古雅，但扇柄雕漆的古团扇，也很好；其他如竹篾扇、纸糊扇、竹根及紫檀作扇柄的，都俗气。现在的折扇，古代叫作"聚头扇"，这是从日本引进的。日本现在还有极精美的折扇，展开一尺大，收拢仅两指宽；扇面所画多为仕女、乘车、骑马、踏青、拾翠等；还有画金银满地，以及天上神仙的，描画大致不差。所用青绿色颜料很是独特，专门用空青、海绿，确实是奇特之物。四川府进献朝廷的，用金铆钉穿制扇骨，扇面轻薄如绡，最为贵重。内府所制彩画、五毒、百鹤鹿、百福寿等，稍嫌俗气，但也还绚丽耐看。徽州、杭州也有比较轻薄雅致的。苏州最看重书画扇，扇骨用白竹、棕竹、乌木、紫檀、白檀、斑竹、眉绿等做成，间或也有用象牙及玳瑁做的，有圆头、直根、绦环、结子、板板花等样式，扇面为素白金面请名家题字作画，其中的佳品价格极高。制扇工匠有李昭、李赞、马勋、蒋三、柳玉台、沈少楼等人，都是高手。由于纸墨品质低劣，容易损坏，不经使用，于是将扇面单独装订成册，供人玩赏，这在苏州相沿已久，习以成风，以至成为苏州的特色。其实这不过是一种低俗的形式，不如四川扇子适用。扇坠宜用沉香，或者汉玉小玦及琥珀眼掠都可以，香珠、缅茄之类，绝不可用。

枕

【原文】 枕有"书枕"，用纸三大卷，状如碗，品字相叠，束缚成枕。有"旧窑枕"，长二尺五寸，阔六寸者，可用。长一尺者，谓之"尸枕"，乃古墓中物，不可用也。

【译文】 枕头有书枕，用纸三大卷，卷成碗形，叠成品字形束缚在一起，即成。有瓷枕，其中长二尺五寸，宽六寸的可用；而长一尺的称为"尸枕"，是古墓中的东西，不可用。

簟

【原文】 茭葶出满喇伽国，生于海之洲渚岸边，叶性柔软，织为细簟，冬月用之，愈觉温暖，夏则蕲州之竹簟最佳。

【译文】 茭葶产自马六甲，茭草生长在海岛岸边，叶子柔软，织成细草席，冬天使用，十分温暖，夏天则用蕲州的竹篾席更好。

琴

【原文】 琴为古乐，虽不能操，亦须壁悬一床，以古琴历年既久，漆光退尽，纹如梅花，黯如乌木，弹之声不沉者为贵。琴轸犀角、象牙者雅。以蚌珠为徽，不贵金玉。弦用白色柘丝[1]，古人虽有朱弦清越等语，不如素质[2]有天然之妙。唐有雷文、张越；宋有施木舟；元有朱致远；国朝有惠祥、高腾、祝海鹤及樊氏、路氏，皆造琴高手也。挂琴不可近风露日色，琴囊须以旧锦为之，轸上不可用红绿流苏，抱琴勿横，夏月弹琴，但宜早晚，午则汗易污，且太燥，脆弦。

◎枕式样

《说文》载："枕，卧所荐首也。"枕头，是一种睡眠工具，能保护颈部的正常生理弯曲，维持人们睡眠时正常的生理活动。

① 造 型

唐朝的瓷枕有平、内凹形。宋代陶瓷枕较唐代造型更为丰富，有长方、云头、花瓣、椭圆、八方、银锭、腰圆、婴孩、卧女、伏虎等。

③ 材 质

枕头的材质最初为石或木，唐代开始，陶瓷枕逐渐进入人们的生活。

② 瓷枕功用

瓷枕具有清凉、去热的物理性能，自隋代开始就进入了人们的居室。在酷热难耐的盛夏，瓷枕便成了清热消暑的佳品。

磁州窑童子戏鸭图瓷枕　宋代

云纹玉枕　汉代

三彩听琴图枕　宋代

三彩花纹枕　唐代

◎古琴式样

琴作为修德养性之器，可以导养神气，宜和情志。其制材采用峄阳的桐木，弦取桑之丝，徽用丽水之金，轸选昆山之玉。在古代，无论是才子或仕女，都把弹琴作为必修之课。

古琴式样有数十钟之多。明初袁均哲所编《太音大全集》（1413年前）收集历代琴式38种，至明末《文会堂琴谱》《古音正宗》等，所辑琴式增至44种，清初《五知斋琴说》收录琴式50余种，此外仍有不少琴式未被记载。在现存古琴中，最常见的式样有伏羲、神农、仲尼、联珠、蕉叶、落霞等式，其中以仲尼式最为常见。

① 琴名　　　③ 琴腰
② 琴弦共7根　④ 用桐木制成的琴面

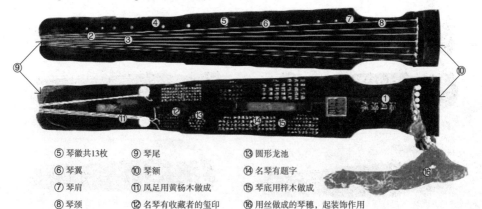

⑤ 琴徽共13枚　⑨ 琴尾　　　　　　⑬ 圆形龙池
⑥ 琴翼　　　　⑩ 琴额　　　　　　⑭ 名琴有题字
⑦ 琴肩　　　　⑪ 凤足用黄杨木做成　⑮ 琴底用梓木做成
⑧ 琴颈　　　　⑫ 名琴有收藏者的玺印　⑯ 用丝做成的琴穗，起装饰作用

伏羲式　唐"春雷"琴　旅顺博物馆藏

仲尼式　明"寒泉漱石"琴　湖南省博物馆藏

伶官式　宋"混沌材"琴　中国历史博物馆藏

仲尼式　明"玉箫"琴　中国艺术研究院藏

◎古琴良品辨

　　古琴由于长期演奏的振动和木质、漆底的不同而形成断纹。古琴断纹不经百年而不出，这是鉴定古琴非常重要的一点。真断纹纹形流畅，纹尾自然消失，纹峰如剑刃状。

　　古琴的铭刻，也是鉴定古琴真伪的重要依据。琴背均为刻款，而琴腹则有刻款和写款两种，刀刻者容易保存，墨写的若年代长久，则较难辨识。古琴腹内之刻款，如琴体两侧上下板黏合处无剖过重修的痕迹，大多是原款，若发现重修痕迹则需仔细研究。无论腹款、背款，还可以从历代帝王年号的惯称、用字避讳及一个朝代或某书法家的书风加以辨认。

　　琴的音色也是鉴定古琴的主要标准之一，音色沉厚而不失亮透，上中下三准音色均匀，泛音明亮如珠而反应灵敏，就知是一张上好的古琴了。有的古琴因有断纹，而按音弹奏时会出现"刹音"，影响听觉，此时要慎重权衡得失，切勿轻易弃之。

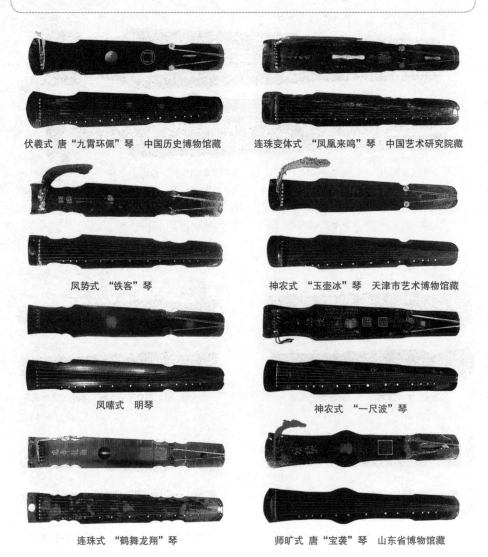

伏羲式 唐"九霄环佩"琴 中国历史博物馆藏　　　连珠变体式 "凤凰来鸣"琴 中国艺术研究院藏

凤势式 "铁客"琴　　　　　　　　　　　　神农式 "玉壶冰"琴 天津市艺术博物馆藏

凤嗉式 明琴　　　　　　　　　　　　　　神农式 "一尺波"琴

连珠式 "鹤舞龙翔"琴　　　　　　　　　师旷式 唐"宝袭"琴 山东省博物馆藏

【注释】〔1〕柘丝：以柘叶为食的蚕吐的丝。柘，落叶灌木或乔木，木质坚而致密，叶子可以喂蚕。

〔2〕素质：原本的颜色。

【译文】 琴是古乐器，即便不会弹奏，也须挂一张古琴在墙上，古琴以历年经久，漆光退尽，琴身斑驳，木色深暗，而琴声却不低沉的为贵。调音钮，以犀牛角、象牙的为雅。音位上镶嵌珍珠标识，不必金玉。琴弦用白色柘丝，古人虽有朱弦清越的说法，但终不如本色丝弦的声音天然美妙。造琴高手，唐代有雷文、张越；宋代有施木舟；元代有朱致远；明代有惠祥、高腾、祝海鹤及樊氏、路氏。悬挂古琴，不可靠近易遭日晒雨淋之处。琴袋应用古织锦缝制，琴下不可装饰红绿流苏；拿琴不要横抱。夏天弹琴只宜早、晚，中午时，汗水多容易弄脏琴，而且气温高，琴弦易断。

琴台

【原文】 以河南郑州所造古郭公砖，上有方胜及象眼花者，以作琴台，取其中空发响，然此实宜置盆景及古石；当更置一小几，长过琴一尺，高二尺八寸，阔容三琴者，为雅。坐用胡床，两手更便运动；须比他坐稍高，则手不费力。更有紫檀为边，以锡为池，水晶为面者，于台中置水蓄鱼藻，实俗制也。

【译文】 用河南郑州所产有方胜、象眼花样的空心砖建造琴台，是利用它能使琴声更响亮的特点，其实它更适合摆放山石盆景；用长超过琴身一尺，宽能放置三张琴，高二尺八寸的小几架琴，更雅。坐凳用胡床，需比一般的稍高，这样，两手更便于运动，也不费力。也有人用水晶做台面，用紫檀镶边，用锡做水池，其中蓄水养鱼，这种形式实在太俗。

研^{〔1〕}

【原文】 研以端溪为上，出广东肇庆府，有新旧坑、上下岩之辨，石色深紫，衬手而润，叩之清远，有重晕、青绿、小鸲鸪眼^{〔2〕}者为贵。其次色赤，呵之乃润；更有纹慢而大者，乃"西坑石"，不甚贵也。又有天生石子，温润如玉，摩之无声，发墨^{〔3〕}而不坏笔，真稀世之珍。有无眼而佳者，若白端、青绿端，非眼不辨；黑端出湖广辰、沅二州，亦有小眼，但石质粗燥，非端石也。更有一种出婺源歙山、龙尾溪，亦有新旧二坑，南唐时开，至北宋已取尽，故旧砚非宋者，皆此石。石有金银星，及罗纹、刷丝、眉子，青黑者尤贵。黎溪石出湖广常德、辰州二界，石色淡青，内深紫，有金线黄脉，俗所谓紫袍、金带者是。洮溪研出陕西临洮府河中，石绿色，润如玉。衢研出衢州开化县，有极大者，色黑。熟铁研出青州。古瓦研出相州。澄泥研出虢州。研之样制不一，宋时进御有玉台、凤池、玉环、玉堂诸式，今所称贡研，世绝重之。以高七寸，阔四寸，下可容一拳者为贵，不知此特进奉一种，其制最俗。余所见宣和旧研有绝大者，有小八棱者，皆古雅浑朴。别有圆池、东坡瓢形、斧形、端明诸式，皆可用。葫芦样稍俗；至如雕镂二十八宿、鸟、兽、龟、龙、天马，及以眼为七星形，剥落研质，嵌古铜玉器于中，皆入恶道。研须日涤，去其积墨败水，则墨光莹泽，惟研池边斑驳墨迹，久浸不浮者，名曰墨锈，不可磨去。研，用则贮水，毕则干之。涤研用莲房壳，去垢起滞，又不伤研。大忌滚水磨墨，茶酒俱不可，尤不宜令顽童持洗。研匣宜用紫黑二漆，不可用五金，盖金能燥石。至如紫檀、乌木，及雕红、彩漆，俱俗，不可用。

【注释】 〔1〕研：即砚，磨墨用器，多为砖石材质。
〔2〕小鸲（qú）鸪眼：指砚石上的圆形斑点。石眼是端砚的独有特点，有石眼的端砚极其珍贵。

◎砚式样

砚，也叫"砚台"，是文房四大用具之一。从唐代起，端砚、歙砚、洮砚和澄泥砚就被并称为"四大名砚"，其中尤以端砚和歙砚为佳。

① 砚 额
又名"砚首"，一般雕有极富装饰性的纹饰、图案，是砚的重要观赏价值部分。

② 砚 岗
指砚堂中间稍高的部分，由此处向四周渐低，方便在磨墨时墨汁向低处流去。

③ 砚 堂
即"砚心"，位于砚的中心部位，研墨之所。此处石质的好坏直接决定了砚的品质及使用价值。

④ 砚 面
即砚的上表面的总称。

⑤ 砚 池
也叫"砚湖"，位于砚的前端或周围。

⑥ 砚 侧
又称"砚旁"，即砚外部的四周侧面，一般多在此处镌刻铭记。

⑦ 砚 边
也叫"砚唇"，位于砚堂周围略高的内侧边缘处。

⑧ 砚 背
又称"砚底"，通常此处多刻有诗词。

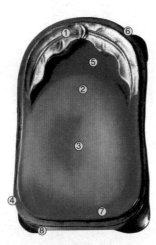

砚的基本结构

□ 鎏金兽形铜盒石砚　汉代

铜制盒盖与盒身以子母扣相合，呈怪兽状，鎏金兽体镶嵌珊瑚、青金石、绿松石等。

□ 澄泥风字形砚　明代

此砚亦为澄泥质砚，鳝鱼黄色，风字形。砚池凹在砚膛一端，微加雕琢砚侧，砚背有宋克阴文草书题铭。

□ 雕花石暖砚　元代

此砚下面留有空间以便加置热水，防止天寒地冻之时墨汁结冰。从结构上看，此砚由砚、砚盖、砚座三部分构成。

□ 青釉五连水丞瓷砚　唐代

此砚的造型相当别致，呈圆形，周边由五个同等大小的水丞相连，水丞敞口、圆腹、低平微凹，施以青黄釉，为长沙窑所制。

□ 松花江石葫芦式砚　清代

康熙时出现的松花江石，因产自清代皇室祖先的发祥地，而备受推崇，成为皇家专用砚石。此砚呈束腰葫芦式，砚上开有斜通式墨池，砚缘雕有枝叶，砚盒为黄色松江石。

□ 绿端石白阳山人款砚　清代

端石中有绿色者称为绿端。早期采于北岭山一带，后或因坑石枯竭，改于端溪朝天岩附近开采。此砚仿竹节，砚池及背面凸雕竹节纹理。配有红漆嵌玉盒。

〔3〕发墨：研石磨易浓而显出光泽。

【译文】　砚台以端溪石的为上品，产自广东肇庆，称为"端砚"。端砚石有新旧坑、上下岩之分，石色深紫，手感细润，敲击响声清远，有重晕、青绿、小石眼的更为珍贵；其次是石色赤红，对砚呵气，也会显现水痕的；石纹粗大的是"西坑石"，不太珍贵。有一种天生石子，温润如玉，研磨无声，发墨而不坏笔，确实是稀世珍品。也有无眼的好砚台，如白端、青绿端，因此，不能以是否有眼辨别优劣；黑端出自湖广辰州、沅州，虽有小眼，但石质粗糙干燥，其实它不是端石。还有一种出自婺源歙山、龙尾溪的，也有新旧二坑，南唐时开始开采，到北宋就已采尽，所以所谓旧砚并非宋代的，都是这里的石头。砚石有金银星、罗纹、刷丝、眉子，其中青黑色的尤其珍贵。溪石出自湖广常德、辰州二地，石色表面淡青，内中深紫，有金黄色的纹理，俗称"紫袍、金带"。洮溪砚出自陕西临洮的河中，石为绿色，润泽如玉。衢砚出自衢州开化县，其中极大的为黑色。熟铁砚出自青州。瓦砚出自相州。澄泥砚出自虢州。砚台的式样规格不一，宋代进献皇宫的，有玉台、凤池、玉环、玉堂等样式，现在所称"贡砚"，世间极其看重。其实贡砚以宽四寸，高七寸，下面能放进一只拳头的为贵，不知道这个规格要求而制作的所谓"贡砚"，一定很低俗。我见过的宣和古砚台，有很大的，有小八菱形的，都很古雅拙朴；还有圆池、东坡瓢形、斧头形、端明等式样，都可以用。葫芦形的稍俗，诸如雕镂二十八星宿、鸟、兽、龟、龙、天马，以及剔下部分砚石，嵌入古铜玉器，作成七星形等做法，都走入旁门左道。砚台要每天清洗，去除积存墨汁，新磨墨汁才会光亮润泽，唯有砚池边久浸不散的斑驳墨迹，名叫"墨锈"，不可磨去。砚台用时才灌水，用完后就要把余汁倒掉。清洗砚台可用莲蓬壳，既容易去除污垢，又不损伤砚台。特别忌讳用开水磨墨，茶水、酒水都不能用，更不要让顽童洗涤砚台。砚台盒宜用紫色或黑色漆木盒，不可用金属盒子，因为金属易使砚石干燥。至于紫檀、乌木，以及雕红、彩漆盒，都很俗，不可用。

笔

□ 笔

笔，文房四宝之一。笔的种类很多，按笔毫来分，主要有紫毫、狼毫、羊毫及兼毫等几种。

玳瑁管紫毫笔　明代

彩漆描金双龙管花毫笔　明嘉靖朝

彩漆描金云龙纹管花毫笔　明宣德朝

【原文】 尖、齐、圆、健，笔之四德，盖毫[1]尖则坚，毫多则齐，用笚贴衬得法，则毫束而圆，用纯毫附以香狸、角水得法，则用久而健，此制笔之诀也。古有金银管、象管、玳瑁管、玻璃管、镂金、绿沉管[2]，近有紫檀、雕花诸管，俱俗不可用，惟斑管最雅，不则竟用白竹。寻丈大笔，以木为管，亦俗，当以箁竹为之，盖竹细而节大，易于把握。笔头式须如尖笋；细腰、葫芦诸样，仅可作小书，然亦时制也。画笔，杭州者佳。古人用笔洗，盖书后即涤去滞墨，毫坚不脱，可耐久。笔败则瘗[3]之，故云败笔成冢，非虚语也。

【注释】 〔1〕毫：即毛笔头。
〔2〕绿沉管：笔杆漆为深绿色的笔。管，笔杆。
〔3〕瘗（yì）：埋起来。

【译文】 "尖""齐""圆""健"，是毛笔的四德，因为毫毛坚硬，毫束就"尖"；毫毛多，毫束就"齐"；黏贴得好，毫束就"圆"；用纯净毫毛与香狸油、胶水黏合得法，笔就耐用，称为"健"。这是制笔的要诀。古代有金银管、象管、玳瑁管、玻璃管、镂金、绿沉管，近代有紫檀管、雕花管等，这些都很俗气，不可用，只有斑竹管最雅致，不然就用箁竹。有的大笔，用木做笔杆，也很俗，应该用箁竹做，因为这种竹子细而且竹节大，易于手握。笔头应像尖笋，细腰、葫芦等样子的，只能用于写小字，当然这也是现在通用的式样。画笔以杭州的为佳。古人用笔洗，笔用后当即清洗，因此笔毛就不会脱落，经久耐用。笔用坏了就埋起来，所以有"败笔成冢"的说法，此话不假。

墨

【原文】 墨之妙用，质取其轻，烟取其清，嗅之无香，磨之无声，若晋、唐、宋、元书画，皆传数百年，墨色如漆，神气完好，此佳墨之效也。故用墨必择精品，且日置几案间，即样制亦须近雅，如朝官、魁星、宝瓶、墨玦诸式，即佳亦不可用。宣德墨最精，几与宣和〔1〕内府所制同，当蓄以供玩，或以临摹古书画，盖胶色已退尽，惟存墨光耳。唐以奚廷珪为第一，张遇第二。廷珪赐国姓，今其墨几与珍宝同价。

【注释】〔1〕宣和：宋徽宗年号。

【译文】 上好的墨，质地要轻，墨色要清，闻着无香，研磨无声，如晋、唐、宋、元书画，都历经数百年，仍然墨色漆黑，神气完好，这是好墨的功效。所以用墨一定要选精品。因为墨常放在几案上，所以墨的外形也要雅致。如朝官、魁星、宝瓶、墨玦等式样的墨，即使墨质再好，也不可用。宣德墨最精贵，几乎与宣和内府制造的墨相同，应该收藏一些供赏玩，或者用以临摹古书画，因为墨的胶色已褪尽，只留下墨光，很适合临摹古书画。唐代的墨以奚廷珪制的为第一，张遇制的第二。廷珪被皇上赏赐国姓，他制的墨现在几乎与珍宝价值相同。

纸

【原文】 古人杀青为书，后乃用纸，北纸用横帘造，其纹横，其质松而厚，谓之侧理。南纸用竖帘，二王真迹，多是此纸。唐有硬黄纸，以黄蘗染成，取其辟蠹。蜀妓薛涛为纸，名十色小笺，又名蜀笺。宋有澄心堂纸，有黄白经笺，可揭开用；有碧云春树、龙凤、团花、金花等

◎墨式样

墨，汉族传统文房用具之一，即通过砚用水研磨可产生墨汁，用于毛笔书写和绘画。早期的墨均为黑色，故称"墨"，后亦包括朱墨和各种彩色墨。

② 形 制

墨的常见形状种类丰富，如长方形、圆形、碑形、断木形、亚形、宝瓶形、古编钟形、腰元形、八角形、椭圆形、半月形、圆柱形、鸟兽形等。

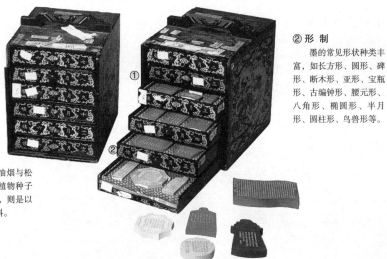

① 材 质

制墨材料一般分油烟与松烟两类。油烟，即以植物种子油或猪油为主；松烟，则是以富含松脂的松枝为原料。

御制月令七十二候诗集锦墨　清代

程以甫制竹节墨　清代

程以甫制竹节墨　清代

方于鲁制文彩双鸳鸯彩墨　明代

笺；有匹纸长三丈至五丈；有彩色粉笺及藤白、鹄白、蚕茧等纸。元有彩色粉笺、蜡笺、黄笺、花笺、罗纹笺，皆出绍兴；有白箓、观音、清江等纸，皆出江西；山斋俱当多蓄以备用。国朝连七、观音、奏本、榜纸，俱不佳，惟大内用细密洒金五色粉笺，坚厚如板，面砑光如白玉，有印金花五色笺，有磁青纸如段素，俱可宝。近吴中洒金纸、松江谭笺，俱不耐久，泾县连四最佳。高丽别有一种，以绵茧造成，色白如绫，坚韧如帛，用以书写，发墨可爱，此中国所无，亦奇品也。

【译文】 从前，古人去除竹简表面青皮在上面写字，后来才用纸书写。北纸用横帘制造，纸是横纹理，纸质疏松粗厚，称为"侧理"；南纸用竖帘制造，王羲之、王献之的真迹，多是用这种纸。唐代有硬黄纸，用黄檗染成，因为它能杀虫。唐代四川名妓薛涛造的纸，名叫"十色小笺"。宋代有澄心堂纸，有黄白经笺，可以揭层使用；有碧云春树、龙凤、团花、金花等笺；有匹纸，长三到五丈；有彩色粉笺及藤白、鹄白、蚕茧等纸。元代有彩色粉笺、蜡笺、黄笺、花笺、罗纹笺，都产自绍兴；有白箓、观音、清江等纸，都产自江西；山居都应当多储存一些备用。明代连七、观音、奏本、榜纸都不好，只有宫廷用的细密洒金五色粉笺，像板子一样坚硬厚实，光滑如玉，印成金花五色笺的，如素色绸缎的瓷青色的，都很宝贵。近年江苏造的洒金纸、松江的谭笺，都不耐久，泾县的连四最好。高丽有一种用绵茧制造的纸，色白如绫，坚韧如帛，用以书写，发墨可爱，这是中国没有的珍品。

剑

【原文】 今无剑客，故世少名剑，即铸剑之法亦不传。古剑铜铁互用，陶弘景《刀剑录》所载有"屈之如钩，纵之直如弦，铿然有声者"，皆目所未见。近时莫如

玉剑饰　汉代

①剑首
形状以圆形为主，一面嵌装在剑茎上，一面雕刻纹饰。此剑首雕刻成双龙形。

②剑格
即装于剑身与茎之间的护手，为长方形或菱形，中间有孔，外表有装饰纹样。

③剑璏
位于剑鞘中部，用来系挂兼作装饰用。

④剑珌
位于剑鞘顶端，为了与其他玉剑具搭配使用。一般为扁长的梯形，较短的一边嵌在剑鞘末端，用以保护剑鞘。

□ **玉剑饰　汉代**

玉剑饰多为古代帝王贵族用在剑上的高档装饰物或铜剑、铁剑上的饰件。玉剑饰一般由剑首、剑格、剑璏、剑珌组成。

倭奴[1]所铸，青光射人。曾见古铜剑，青绿四裹者，蓄之，亦可爱玩。

【注释】 〔1〕倭奴：日本人。

【译文】 现今已无剑客，所以世间少有名剑，铸剑技艺也失传了。古剑铜铁互用，陶弘景所著《刀剑录》记载"能弯曲如钩，笔直如弦，铿锵有声"的剑，都没有人亲眼见过。近年来，已没有剑能像日本剑那样寒光逼人。只见过布满铜绿的古铜剑，也可收藏以供玩赏。

印章

【原文】 以青田石莹洁如玉、照之灿若灯辉者为雅。然古人实不重此，五金、牙、玉、水晶、木、石皆可为之，惟陶印则断不可用，即官、哥、冬青等窑，皆非雅器也。古鎏金、镀金、细错金银、商金、青绿、金玉、玛瑙等印，篆刻精古，纽式奇巧者，皆当多蓄，以供赏鉴。印池以官、哥窑方者为贵，定窑及八角、委角者次之，青

◎青田石印章及诸石印章式样

青田石产于浙江青田，质地坚硬细密，呈蜡状，泛油脂光泽，不透明或微透明。六朝时期即已被发掘，宋代时多用于制作印章，是中国用于篆刻的最早石种。明代时因御制品的广泛应用而名声大噪。现今青田石除用于印章制作外，还作为原料进入工业制作中。

质 软

石内无沙粒和杂石，硬度适中，脆软相宜，但不可过于绵软、粘刀，否则走刀不爽快。

细

石内颗粒排列均匀、密实，接触有细腻、柔软感。

年代适宜

石质年代不宜太长或太短，以适合走刀以及质地密实等为主。

青田石印章

透

因属叶蜡石类，故呈现半透明或微透明。

巧

要因地制宜，保证颜色以及布局达到精妙。

坚

质地密实，无裂纹。

纯

色泽丰富，以纯净、鲜明、无杂色者为佳。

寿山石
"同道堂"白文印

田黄石
"御堂"朱文印

檀木质
"皇帝之宝"印

玉 质
乾隆帝"敕命之宝"

□ **各种印章的材质**

刻制印章所用的材质主要有矿物、金属、陶瓷、骨质、竹木及现在使用较多的化学材料等。

花白地、有盖、长样俱俗。近做周身连盖滚螭白玉印池，虽工致绝伦，然不入品。所见有三代玉方池，内外土锈血侵[1]，不知何用，今以为印池，甚古，然不宜日用，仅可备文具一种。图书匣以豆瓣楠、赤水、椤木为之，方样套盖，不则退光素漆者亦可用，他如剔漆、填漆、紫檀镶嵌古玉，及毛竹、攒竹者，俱不雅观。

【注释】〔1〕土锈血侵：土锈，指玉石埋藏地下多年形成的泥土印迹；血侵，指玉石埋藏地下多年形成的血色痕迹。

【译文】印章以洁白如玉、晶莹透光的青田石为雅。然而古人并不止看重青田石，金属、象牙、玉石、水晶、木石都可篆刻印章，只有陶瓷印章绝不能用，官、哥、冬青等窑的陶瓷印章，都不是古雅器物。古鎏金、镀金、细错金银、商金、青绿、金玉、玛瑙印章中，篆刻精致，印纽形状奇巧的，都应多多收藏，供鉴赏把玩。印泥池，官、哥窑的方瓷盒最好；定窑以及八角形、圆角的稍次；青花白底、有盖子的、长形的，都很俗。近年有一种盒、盖连体做成螭形的白玉印池，虽然做工精妙绝伦，但不入品。有夏商周时期的玉石方池，内外都有土锈血浸，不知原来做什么用，现在用作印池就很古雅，但不宜常用，仅可作一种文具收藏。收藏图书的小盒子用豆瓣楠、赤水、椤木做成有盖的成套方盒，不然就做成退光素漆的，其他如雕漆、填漆、紫檀镶嵌古玉及毛竹、攒竹的，都不雅观。

文具

【原文】文具虽时尚，然出古名匠手，亦有绝佳者，以豆瓣楠、瘿木[1]及赤水、椤为雅，他如紫檀、花梨等木，皆俗。三格一替，替中置小端砚一，笔砚一，书册一，小砚山一，宣德墨一，倭漆墨匣一。首格置玉秘阁一，古玉或铜镇纸一，宾铁古刀大小各一，古玉柄棕帚

◎ 印泥与印泥盒式样

印泥为我国特有的文房用品，据史书记载，其发展历史已有二千多年。早期印泥是以粘土制成，欲用时以水浸湿。隋唐后，开始用水调和朱砂制印泥，元代开始用油调和朱砂，才慢慢形成今天的印泥。印泥切忌用紫砂瓷器和钢、铜、金等金属盒保存，适宜用陶瓷容器保存。

① 雕漆管笔

雕漆，髹漆工艺之一，始于唐代，盛行于明清。采用此工艺制作的产品具有态薄体轻、纹饰华美、坚固耐用的特点。

② 兽纽玉印

印章历史悠久，清代时已达到与书画并提的地位。玉印不但外形精美，且具有高贵的特点。

③ 珐琅印盒

印盒多呈扁圆形，体积较小，有铜、瓷、玛瑙、象牙等，以瓷质最好。

④ 珐琅仿圈

仿圈为临摹书法时所用工具，用以使面纸与底本紧密结合，以压平面上之纸。

⑤ 珐琅镇纸

珐琅器制作难度较大，且极为精美，是收藏家喜好之物。此珐琅镇纸为长条形，从材质、器形到整体工艺都极为精美。

⑥ 松花石砚

此砚以松花石为材料制作而成，石质温润如玉，坚硬致密，所制砚台具有"发墨益毫，墨经久不涸"的特点。

⑦ 墨

左为上品松烟墨，其中一侧印有"三希堂"字样；右为朱红色彩墨，上饰龙纹，有富贵之气。

印泥盒

印泥

印泥盒

一，笔船一，高丽笔二枝；次格古铜水盂一，糊斗、蜡斗各一，古铜水杓一，青绿鎏金小洗一。下格稍高，置小宣铜彝炉一，宋剔合一，倭漆小撞、白定或五色定小合各一，倭小花尊或小觯一，图书匣一，中藏古玉印池、古玉印、鎏金印绝佳者数方，倭漆小梳匣一，中置玳瑁小梳及古玉口匜^[2]等器，古犀玉小杯二；他如古玩中有精雅者，皆可入之，以供玩赏。

【注释】〔1〕瘿（yǐng）木：受到害虫或真菌刺激，一部分组织畸形发育而形成瘤子的树木，质地致密坚硬。

〔2〕口匜：漱口用具。

【译文】文具虽然是时尚用具，但出自古代名匠之手的，也有非常绝妙的，用豆瓣楠、瘿木及赤水、椤木做的最雅，其他如紫檀、花梨等木做的，都很俗。三层为一屉，其中放一方小端砚，一个笔砚，一卷书册，一个小砚台，一块宣德墨，一个日本黑漆盒。第一格放玉石秘阁一

□ 文竹嵌玉炕几式文具盒　清代

此盒通体为竹制，造型别致，底座为长方形几，有四足，且一面设有五个抽屉，高低错落有致。高层几面立有木座四节方瓶，其内插有如意，肩部饰有白玉兽首衔耳环。此盒在制作上采用雕刻、包镶等工艺，做工极为精美。

□ **硬木云凤纹文具匣　清代　故宫博物院藏**

文具匣多为木质，常见的木质有红木、紫檀木、黄花梨木等。一般文具匣都涂有数层漆，以防止浸水而导致匣体胀裂，此外砚匣还应经常保养，偶尔要打蜡。此文具匣通身雕以云凤纹，匣内制出格槽，存放斑竹管毛笔两支，一上等端砚，一铜蟠纹镇纸，一铜荷叶笔洗，一铜羊形水丞，一铜卷书式水丞，一铜牛形水丞，一石山子共九件文房用具。

块，古玉或铜镇纸一块，宾铁古刀大小各一把，古玉柄棕帚一把，笔船一个，高丽笔二支；第二格放古铜水盂一个，糊斗、蜡斗各一个，古铜水勺一个，镏金铜器笔洗一个；第三格应稍微高些，放小宣铜彝炉一个，宋代剔红漆盒一个，日本漆提盒、定窑白瓷或五色瓷小盒各一个，日本小花酒杯或小觯一个，图书匣一个，内中装绝佳的古玉印池、古玉印、鎏金印数方，日本漆小梳匣一个，内中置备玳瑁小梳子及古玉盘匜等用具，古犀牛玉石小杯二个；其他的精致古玩，都可收贮其中，以供玩赏。

梳 具

【原文】 以瘿木为之，或日本所制，其缠丝[1]、竹丝、螺钿、雕漆、紫檀等，俱不可用。中置玳瑁梳、玉剔帚[2]、玉缸、玉合之类，即非秦、汉间物，亦以稍旧者为佳。若使新俗诸式阑入[3]，便非韵士所宜用矣。

【注释】 〔1〕缠丝：指有红白色纹理混杂的玛瑙。

〔2〕玉剔帚：玉制清除梳子、篦子污垢的用具。

〔3〕阑入：不合时宜的收入。

◎梳子式样

发梳除了梳理头发之外，还具备装饰作用。中国及日本女性常会插发梳作为头饰。

□ 镂雕玉梳　战国

自古至今，玉梳都有着延年益寿、美容、疏通血脉的功用。战国玉器发达，多为礼器，此玉梳构造虽简，但镂雕技艺的运用显示出当时的不凡水平。

□ 梳篦

梳篦为我国古代梳具，古时妇女应用较多，形成插梳插篦风习，在魏晋至唐代时尤为兴盛。梳篦多为木制，图为楼兰出土的上漆梳篦。

□ 金梳　唐代

唐代梳篦的图案上往往带有浓厚的生活情趣。图为江苏唐墓出土的金錾花篦，背部中央为椭圆形，雕刻有卷草花叶和一对飞天，四周环绕连珠。

□ 象牙梳

我国最早的象牙雕刻物品之一。象牙梳呈长方形，顶端有4个开口，其下有3个圆孔，下端有17个细密梳齿，可用于梳理头发，也可以别在发髻上作装饰品。

【译文】 梳具要用瘿木做，或者是日本制品，其他如缠丝、竹丝、螺钿、雕漆、紫檀做的，都不可用。玳瑁梳、玉剔帚、玉缸、玉盒等梳具，不是秦、汉时期的，也要稍微古旧一些的为好；如收入现时流行的，那不适合风雅人士使用。

海论铜玉雕刻窑器

【原文】 三代秦汉人制玉，古雅不凡，即如子母螭、卧蚕纹、双钩碾法，宛转流动，细入毫发，涉世既久，土锈血侵最多，惟翡翠色、水银色，为铜侵者，特一二见耳。玉以红如鸡冠者为最；黄如蒸栗、白如截肪者次之；黑如点漆、青如新柳、绿如铺绒者又次之。今所尚翠色，通明如水晶者，古人号为碧，非玉也。玉器中圭璧〔1〕最贵。鼎彝、觚尊、杯注、环玦次之；钩束、镇纸、玉瑵、充耳〔2〕、刚卯〔3〕、瑱珈〔4〕、琤瑲〔5〕、印章之类又次之；琴剑觿佩〔6〕、扇坠又次之。

铜器：鼎、彝、觚、尊、敦〔7〕、鬲〔8〕最贵；匜、卣、罍、觯〔9〕次之；簠簋、钟注〔10〕、歃血盆〔11〕、夜花囊〔12〕之属又次之。三代之辨，商则质素无文；周则雕篆细密；夏则嵌金、银，细巧如发，款识少者一二字，多则二三十字，甚或二三百字者，定周末先秦时器。

篆文：夏用鸟迹〔13〕；商用虫鱼〔14〕；周用大篆；秦以大小篆；汉以小篆。三代用阴款，秦汉用阳款，间有凹入者；或用刀刻如镌碑，亦有无款者；盖民间之器，无功可纪，不可遽谓非古也。有谓铜器入土久，土气湿蒸，郁而成青；入水久，水气卤浸，润而成绿；然亦不尽然，第铜性清莹不杂，易发青绿耳！

铜色：褐色不如朱砂，朱砂不如绿，绿不如青，青不如水银，水银不如黑漆，黑漆最易伪造，余谓必以青绿为上。伪造有冷冲〔15〕者，有屑凑〔16〕者，有烧斑者，皆易辨也。

窑器：柴窑最贵，世不一见。闻其制：青如天，明如镜，薄如纸，声如磬，未知然否？官、哥、汝窑以粉青色为上，淡白次之，油灰最下。纹：取冰裂[17]、鳝血[18]、铁足[19]为上，梅花片、墨纹次之，细碎纹最下。官窑隐纹如蟹爪；哥窑隐纹如鱼子；定窑以白色而加以泪水如泪痕者佳，紫色黑色俱不贵。均州窑色如胭脂者为上，青若葱翠、紫若墨色者次之，杂色者不贵。龙泉窑甚厚，不易茅蔑[20]，第工匠稍拙，不甚古雅。宣窑冰裂、鳝血纹者，与官、哥同，隐纹如橘皮、红花、青花者，俱鲜彩夺目，堆垛可爱；又有元烧枢府字号，亦有可取。至于永乐细款青花杯，成化五彩葡萄杯及纯白薄如琉璃者，今皆极贵，实不甚雅。

雕刻精妙者，以宋为贵，俗子辄论金银胎，最为可笑，盖其妙处在刀法圆熟，藏锋不露，用朱极鲜，漆坚厚而无敲裂；所刻山水、楼阁、人物、鸟兽，皆俨若图画，为绝佳耳！元时张成、杨茂二家，亦以此技擅名一时；国朝果园厂所制，刀法视宋尚隔一筹，然亦精细。至于雕刻器皿，宋以詹成为首，国朝则夏白眼擅名，宣庙绝赏之。吴中如贺四、李文甫、陆子冈，皆后来继出高手；第所刻必以白玉、琥珀、水晶、玛瑙等为佳器，若一涉竹木，便非所贵。至于雕刻果核，虽极人工之巧，终是恶道。

【注释】〔1〕圭璧：古代帝王祭祀时所持玉制礼器。
〔2〕充耳：古代冠冕上的饰物，下垂至耳，故名。
〔3〕刚卯：古代用以辟邪的佩戴物，于正月卯日制作，故名。
〔4〕瑱（tián）珈：同充耳。
〔5〕珌琫（bì běng）：古代刀鞘的饰物，在下端的为珌，在上端的为琫。
〔6〕觿（xī）佩：古代解结用的骨制锥子。
〔7〕敦：古代盛谷物的容器。
〔8〕鬲（lì）：古代炊具，圆口，三足。

〔9〕觯（zhì）：古代饮酒器具。

〔10〕钟注：钟，古代祭祀时用的乐器；注，古代用于灌水的器具。

〔11〕歃（shà）血盆：歃血时用以盛血的器具。古人结盟时，嘴唇涂上牲畜血，以此为誓，称为"歃血"。

〔12〕奁（lián）花囊：存放妇女梳妆用品的器具。

〔13〕鸟迹：笔画如鸟形的篆文，也称为"鸟篆"。

〔14〕虫鱼：字迹如虫鱼的篆文，也称为"虫书"。

〔15〕冷冲：本指修补古铜器，这里指作伪者故意损坏器物，然后修补，以充作出土古物。

〔16〕屑凑：用残缺的古物部件拼凑成一器物，冒充出土古物。

〔17〕冰裂：如冰裂口的花纹。

〔18〕鳝血：血丝状的花纹。

〔19〕铁足：足色如铁的瓷器。

〔20〕茅蔑：损坏。

【译文】 夏商周及秦汉时期的玉器，古雅不凡，例如子母螭、卧蚕纹、双钩碾法，生动逼真，细致精巧，历年经久，有土锈血浸的，最多，唯有翡翠色、水银色，有铜浸的，只见过一二件。玉器数红如鸡冠的，最好；黄如蒸熟的栗子、白如油脂的，稍次；黑如点漆、青如新柳、绿如绿绒的，更差一些。现在时兴的色翠而透明如水晶的，古人称为"碧"，而不是玉。玉器：圭璧最宝贵；礼器鼎彝、酒器觚尊及杯注、佩玉稍次；带钩、镇纸、玉瑃、充耳、刚卯、瑱珈、珌琫、印章之类又次一些；琴剑觿佩、扇坠更次。

铜器：鼎、彝、觚、尊、敦、鬲，最珍贵；匜、卣、罍、觯次之；簠簋、钟注、歃血盆、奁花囊之类，又次之。三代的区别：商代的朴素无文，周代的雕刻细密，夏代的镶嵌金银，精巧细密；款识少则一二字，多则二三十字，甚至二三百字的，一定是周末先秦时的古器。

篆文：夏代用鸟迹；商代用虫鱼；周代用大篆；秦代大、小篆均有；汉代用小篆。三代用阴文；秦汉用阳文，间或也有阴文；或者用刀刻如镌碑，也有无题款的，那是民用器具，无功可记，不能据此认为它不是古器。一般认为，铜器长久埋在地下，就会因地气郁结生成青色；长久浸泡于水中，就会因水气浸染生成绿色。但也不尽然，因为铜质纯洁，容易生锈。

铜器的颜色：褐色不如朱砂色，朱砂色不如绿色，绿色不如青色，青色不如水银色，水银色不如黑漆色，黑漆色最容易伪造，因此我认为一定要以青绿色的为上品。伪造有用冷冲的，有用屑凑的，有用火烧成斑的，都容易辨别。窑器：柴窑产的，最珍贵，世间难得一见，据说其特点是，色青如天，光洁如镜，轻薄如纸，声如钟磬，不知是否果真如此？官窑、哥窑、汝窑的以粉青色为上品，淡白色的稍次，油灰色的最差。纹理：以冰裂、鳝血、铁足为上品，梅花片、黑纹的稍次，细碎纹最差。官窑的暗花纹如蟹爪；哥窑的暗花纹如鱼子；定窑的以白底上有像泪痕状釉水的，为佳，紫色、黑色的都不太好。均州窑器颜色如胭脂的为上品，青翠葱郁、深紫如黑的稍次，其他杂色的都不好。龙泉窑的很厚实，不易剥落破损，只是工艺稍差，不太古雅。宣窑冰裂、鳝血纹的，与官窑、哥窑的相同；如橘子皮的暗纹、红花、青花的，都鲜艳夺目，错落层叠，十分可爱。还有元代进献宫中的瓷器，也有上好的。至于明永乐年制细款青花杯，成化年制五彩葡萄杯及纯白薄如琉璃的，现在都很贵重，其实并不十分雅致。

雕刻精妙的要算宋代的，一般人崇尚金银胎的，最为可笑，因为雕刻品妙就妙在刀法圆熟，藏锋不露，漆色鲜红，漆层坚厚而无龟裂；所刻山水、楼阁、人物、鸟兽，宛如图画，极其绝妙。元代的张成、杨茂二位雕漆名家，就因此技艺名噪一时；明代宫廷作坊所制雕漆的刀法与宋代相比，稍逊一筹，但也还精细。至于雕刻器皿，宋代以詹成的作品为首，明代则是夏白眼的最著名，宣宗年间，特别受推崇。江苏的贺四、李文甫、陆子冈，都是后继的高手；但他们的雕刻佳品，仅限于白玉、琥珀、水晶、玛瑙等器皿，一旦涉及竹木，就不贵重了。至于雕刻果核，虽然技艺极其精巧，但终归是旁门左道，不入流。

卷八·衣饰

衣冠制度，必与时宜，吾侪既不能披鹑带索，又不当缀玉垂珠，要须夏葛、冬裘，被服娴雅，居城市有儒者之风，入山林有隐逸之象，若徒染五采，饰文缋，与铜山金穴之子，侈靡斗丽，亦岂诗人粲粲衣服之旨乎？至于蝉冠朱衣，方心曲领，玉佩朱履之为"汉服"也；幞头大袍之为"隋服"也；纱帽圆领之为"唐服"也；檐帽襕衫、申衣幅巾之为"宋服"也；巾环襦领、帽子系腰之为"金元服"也；方巾团领之为"国朝服"也，皆历代之制，非所敢轻议也。

【原文】衣冠制度，必与时宜，吾侪既不能披鹑带索[1]，又不当缀玉垂珠[2]，要须夏葛、冬裘，被服娴雅，居城市有儒者之风，入山林有隐逸之象，若徒染五采[3]，饰文缋[4]，与铜山金穴[5]之子，侈靡斗丽，亦岂诗人粲粲衣服之旨乎？至于蝉冠朱衣[6]，方心曲领[7]，玉佩朱履之为"汉服"也；幞头[8]大袍之为"隋服"也；纱帽圆领之为"唐服"也；檐帽襕衫、申衣幅巾[9]之为"宋服"也；巾环[10]襈领[11]、帽子系腰之为"金元服"也；方巾团领之为"国朝服"也，皆历代之制，非所敢轻议也。志《衣饰第八》。

【注释】〔1〕披鹑：披补缀之衣。带索：以草索为带。

〔2〕缀玉垂珠：官服上面佩戴的玉石制品和白珠。

〔3〕五采：青、黄、赤、白、黑五色相间。

〔4〕文缋（huì）：花纹图画。

〔5〕铜山：金钱、钱库。金穴：藏金之窟，比喻豪富之家。

〔6〕蝉冠：汉代侍从官所戴的冠，上有蝉饰，并插貂尾。后泛指高官。朱衣：大红色公服。

〔7〕方心曲领：自汉代才有的一种衣服饰品。

〔8〕幞（fú）头：头巾。

〔9〕檐帽：帽缘形如檐者。襕衫：进士及国子生、州县生之服。申衣：即深衣，古代上衣、下裳相连缀的一种服装。幅巾：头巾。

〔10〕巾环：巾上所系之环。

〔11〕襈（zhuàn）领：滚领。

【译文】服装的式样规格，一定要合于时宜。我们既不能披破衣、扎草索，也不能穿金戴银，缀玉垂珠，而应当夏天穿葛麻，冬天穿皮裘；穿着当自然适时，居住城市应有儒者风度，闲居山林则有隐士逸情。如一味追求华丽多彩，与富豪人家争艳斗富，这哪里是诗人衣着整洁的宗旨呢？至于蝉冠红衣、方心曲领、玉佩红鞋成为汉代服饰，幞头大袍成为隋代服饰，纱帽圆领成为唐代服饰，檐帽襕衫、深衣幅巾成为宋代服饰，巾环襈领、帽子束腰成为元代服饰，方巾圆领成为明代服饰，这都是各个时代形成的习俗，并非谁的规定。

道 服

【原文】 制如申衣，以白布为之，四边延以缁色[1]布，或用茶褐为袍，缘以皂布。有月衣，铺地如月，披之则如鹤氅。二者用以坐禅策蹇[2]，披雪避寒，俱不可少。

【注释】 〔1〕缁（zī）色：黑色。
〔2〕策蹇（jiǎn）：驱马。

【译文】 道家的法服，是用白布做的长袍，四边镶上黑布宽边；或者是褐色长袍镶黑布边。另外有披风，铺在地上如半圆月形，披在身上如鸟之羽翼。这两种衣服是坐禅和骑马时挡雪避寒不可缺少的。

禅 衣

【原文】 以洒海剌为之，俗名"琐哈剌"，盖番语[1]不易辨也。其形似胡羊毛片缕缕下垂，紧厚如毡，其用耐久，来自西域，闻彼中亦甚贵。

【注释】 〔1〕番语：外语。

【译文】 佛教僧人衣服是用毛毡做的，俗称"琐哈剌"，是番语译音，不易于理解。它的样子像绵羊毛层层重叠，厚密如毡子，经久耐用，产自西域，据说在那里也很珍贵。

被

【原文】 以五色氆氇为之，亦出西番，阔仅尺许，与琐哈剌相类，但不紧厚；次用山东茧绸，最耐久，其落花流水、紫、白等锦，皆以美观，不甚雅，以真紫花布为大

◎道服式样

　　道服即道袍，指道士平常居观所着的长袍，有长及腿腕、袖宽一尺四寸、袖长随身的大褂，这是一种最常见的道袍；有袖宽一尺八寸，蓝色的得罗；有袖宽二尺四寸以上，黄色的戒衣；也有无袖披的法衣、花衣以及多层粗布缝制、厚重笨拙的衲衣等等。

　　明代高濂在其《遵生八笺》一书中说："道服不必立异，以布为佳，色白为上，如中衣，四边缘以缁色布。亦可次用茶褐布为袍，缘以皂布。或绢亦可。"

　　道服必肥大宽松，以窝包藏乾坤、隔绝尘凡之意。又取直领，以示潇散。

道士长袍
　道士的日常服装。

八卦道衣
　道行较高者的日常服装。

道士净衣
　普通道士做法事时的礼服。

火浣道衣
　用火浣布制作的高级道衣。

无极道衣
　表示大成无用，大道无极的道衣。

真武圣衣
　聚有神力的道服。

三清袍
　返朴归真，暗合大道的道袍。

千年鹤氅
　配有鹤羽点缀的斗篷，三国后成为智慧的象征。

天师道袍
　道行高深、获天师称号的道士衣服。

◎ 僧衣式样

　　僧衣，又叫"袈裟"。佛制中的僧衣有三衣，即下衣、上衣、大衣，下衣以五条布缝制，上衣七条，大衣九条或九条以上。日常实际穿着则为：僧人于僧舍中时穿短褂；于寺内办事则穿中褂，即一种稍长的袍子，又名"罗汉褂"；出行则穿长褂。三衣颜色多有定制，上衣有咖啡色、红色等。法会中领诵及打法器者披红色，其余有职务者披咖啡色，居士披黑色海青。

沙弥服
　　刚入门的小沙弥穿的僧衣。

僧　衣
　　小尼的日常便衣。

百衲衣
　　用类似黑色的布片缝成，为汉地僧人的主要服装。

僧伽梨
　　僧人在庄严场合才能穿的礼服。

安陀会
　　又名五彩条衣，以坏色麻布等布料裁制，僧人的日常便衣之一。

郁多罗僧
　　又名七彩条衣，僧人礼诵、听讲、说戒时穿的上衣。

白月袈裟
　　身份较高的僧人衣物。

白月袈裟（女僧衣）
　　地位较高的女僧人服装。

明　静
　　得道高僧的日常服装。

被，严寒用之，有画百蝶于上，称为"蝶梦"者，亦俗。古人用芦花为被，今却无此制。

【译文】 被子用五色呢绒做成，也出自西域，宽仅仅一尺左右，与"琐哈剌"类似，但没有"琐哈剌"厚实。有用山东榨蚕丝绸做的，经久耐用。其中有编织成落花流水及紫、白色等锦缎的，都很美观，但不很雅致；冬季用紫花布做的大被子，有的印上蝴蝶飞舞的图样，称之为"蝶梦"，也很俗。古人用芦花做被芯，现在已没有这种做法了。

褥

【原文】 京师有折叠卧褥，形如围屏，展之盈丈，收之仅二尺许，厚三四寸，以锦为之，中实以灯心，最雅。其椅榻等褥，皆用古锦为之。锦既敝，可装潢卷册。

【译文】 京师有一种用于床上的折叠褥子，展开有一丈多长，折叠起来只有二尺左右长、三四寸厚，用锦缎做外套、灯芯草填充其中的最好。用于椅榻的褥子也用古锦来做，用坏后，锦缎还可以用来装潢书籍封面。

绒 单

【原文】 绒单出陕西、甘肃，红者色如珊瑚，然非幽斋所宜，本色者最雅，冬月可以代席。狐腋、貂褥不易得，此亦可当温柔乡矣。毡者不堪用，青毡用以衬书大字。

【译文】 绒毯产自陕西、甘肃，其色为珊瑚红，但不适合幽雅居室，还是本色的最雅致，冬天还可以代替席子用。狐皮、貂皮不易得到，那是冬夜的最佳用品。毡子不能用作毯子，青毡可以在写大字时衬在纸下。

帐

【原文】 冬月以茧绸或紫花厚布为之，纸帐与绢等帐俱俗，锦帐、帛帐俱闺阁中物；夏月以蕉布为之，然不易得。吴中青撬纱及花手巾制帐亦可。有以画绢为之，有写山水墨梅于上者，此皆欲雅反俗。更有作大帐，号为"漫天帐"，夏月坐卧其中，置几榻橱架等物，虽适意，亦不古。寒月小斋中制布帐于窗槛之上，青紫二色可用。

【译文】 冬天，床帐用柞蚕丝绸或紫花厚布做，纸帐和薄丝绸帐都很俗，锦帐、帛帐，都用于闺阁；夏天，床帐用蕉布做，但很难得到。江苏青纱和花手巾做的床帐也可以，其中画有山水梅花的，恰恰是想求雅致，反而俗气。还有做得很大的床帐，叫作"漫天帐"，夏天坐卧在里面，摆上几榻橱架等，虽很适意，但不古雅。冬天，居室窗户挂上布帐，青、紫二色的都可以。

冠

【原文】 铁冠最古，犀玉、琥珀次之，沉香、葫芦者又次之，竹箨[1]、瘿木者最下。制惟偃月、高士[1]二式，余非所宜。

【注释】 〔1〕箨（tuò）：竹笋外层一片一片的皮。
〔2〕偃月、高士：偃月，冠形如月；高士，高人、道士常戴的一种头冠。

【译文】 头冠，数铁冠最古，犀角、玉石、琥珀的稍次，沉香、葫芦做的又差一些，笋壳、瘿木做的最差。头冠只有偃月、高士两种式样可取，其余的都不适宜。

巾

【原文】 唐巾[1]去汉式不远，今所尚"披云巾"[2]最俗，或自以意为之，"幅巾"最古，然不便于用。

◎花冠式样

花冠是一种用罗绢通草或金玉玳瑁作装饰的冠状装饰物，最早出现于唐代，宋代时更为流行。其制作的花样有桃、杏、荷、梅、菊等，也有将四季花朵组合装饰于一个冠上的，美其名曰"一年景"。花冠多为女子佩戴，但在宋代时也有男子佩戴的习尚。

《宫乐图》中妇女花冠　唐代

杂剧中的妇女花冠　宋代

砖刻妇女所戴花冠　宋代

妇女花冠复原图　五代

《女孝经图》中妇女花冠　宋代

《花石仕女》中的花冠　宋代

【注释】〔1〕唐巾：唐代头冠名。冠有四条带子，两条系脑后，两条系额下。

〔2〕披云巾：用缎或毡做成的头巾，匾巾方顶，后有絮棉的披肩，为冬季外出所用。

【译文】唐巾与汉代头巾的样式差别不大，现在崇尚的"披云巾"最俗，这是有人按自己的喜好来做的头巾。"幅巾"最古雅，但不便使用。

◎头巾式样

　　头巾，即裹头用的布。头巾出现较早，《后汉书·列女传·董祀妻》有"时且寒，赐以头巾履袜"之说；唐朝于鹄《过张老园林》诗："身老无修饰，头巾用白纱。"不仅有头巾之述，而且也有对材质选择的描述。到明清时，读书人按规定必系儒巾，儒巾也就是头巾。

治五巾

　　明代《三才图会》中所载的巾类样式，用者较少。

诸葛巾

　　即纶巾，以丝带编成，多为青色，相传为三国时期诸葛亮创制，故名"诸葛巾"。

云　巾

　　明代巾帽，"云中有梁，左右前后用金线或索线屈曲为云状，制颇类忠靖冠，士人多服之"。

忠靖冠

　　明代嘉靖定冠服制，以铁丝为框，外蒙乌纱，冠后竖起两山，正前方隆起，以金线或浅色丝线压出三梁。

汉　巾

　　明代《三才图会》中所载巾类样式，以框作架，外围巾。

唐　巾

　　唐代帝王的一种便帽，后来许多人都戴此帽；明代的进士巾也叫"唐巾"。

东坡巾

　　又名"乌角巾"，相传为苏东坡所戴，故得其名。此巾有双重四墙，外墙比内墙窄小，前后左右各有一角，前角介于两眉之间。

方　巾

　　又名"四角方巾"，用黑色纱罗制成，可以折叠，呈倒梯形状，展开时四角皆方，为明朝职官和儒生所戴的一种便帽。

笠

【原文】 细藤者佳，方广二尺四寸，以皂绢缀檐，山行以避风日；又有叶笠、羽笠，此皆方物[1]，非可常用。

【注释】 〔1〕方物：土特产。

【译文】 斗笠以细藤做的最好，方圆二尺四寸，用黑绢滚边，外出时用来遮阴避风。还有竹叶或树叶斗笠、羽毛斗笠，都是地方用具，不通用。

履

【原文】 冬月用秧履最适，且可暖足。夏月棕鞋惟温州者佳，若方舄[1]等样制作不俗者，皆可为济胜之具[2]。

【注释】 [1]方舄：古代一种装有木制鞋底、不易受潮的鞋子。

[2]济胜之具：古时的旅游鞋。

【译文】 冬天最适宜穿芦花、稻草做的鞋子，舒适温暖。夏天穿的棕榈鞋数温州产的最好，像方舄等制作不俗的鞋子，都很适合远行时穿着。

◎履的式样

鞋的出现与人类本能相关。远古时，地面高低不平，乱世崚嶒，先民本能地用兽皮、草茎包裹双脚，这就是鞋的雏形。三千年前所著的《周易》中便出现了"履"字，《诗经》中也有"纠纠苗履"，即一种用麻、葛编织而成的鞋。

□ **岐头履**

又名"分岐履"，始于先秦时期，消迹于宋代。其造型为高头分梢，履头呈两叉分向。

□ **笏头履**

"笏头"一称，源于宋人对方团球路花纹的称呼。笏头履造型为头部高翘，形似笏板，故得名。

□ **高齿履**

一种漆画木履，多见于南北朝时期绘画中。

□ **重台履**

古代妇女穿的高底鞋，始于南朝宋。

◎中国历代服饰式样

　　从早期先民身披树叶、兽皮，到清代女性的旗袍，中国服饰发展源远流长。战国时所撰《吕氏春秋》《世本》及汉时的《淮南子》均述及黄帝、伯余始创衣裳，即是服饰文化的开始。服饰伦理，在中国形成了独特的道德体统，它与西方服饰不同，就女性而言，它并不在肩、胸、腰、臀等部位过于突出人体美，却更倾向于突出服饰本身的装饰效果，以营造一种超越形体的精神空间。又如帝王服饰，看似宽袍大袖，实则只重端庄、威严、神秘的天子气象。总之，对人体而言，西方服饰重形体表现，中国服饰则重遮羞。

●原始服饰

　　在原始时期，先民只能把身边的各种材料做成粗陋的"衣服"，用以护身。人类最初的衣服是用兽皮制成的，包裹身体的最早"织物"用麻类纤维和草制成。这个时期的服装呈现一种粗犷奔放的野性特点。考古出土的骨针、骨锥等制衣工具和由骨头、贝壳等制成的装饰物，成为今人研究原始先人生活特点的有力依据。

●先秦服饰

　　上下配套的衣着形式在商周以后成为中国服装的基本形制之一。上衣在商代通常为窄袖短身。周代的服饰大致沿袭商代的服制，只是衣服的样式比商代略宽松，领子通用矩领，腰间系带，有的在带上还挂有玉制的饰物。春秋战国时出现了一种上下连在一起的服装，叫"深衣"。其特点为上衣和下裳相连，衣襟右掩，下摆不开衩，将衣襟接长，向后拥掩，垂及踝部。因其前后深长，故称"深衣"。这种服装不论贵贱男女、文武职别，都可以穿着。

东周男子服饰之窄袖织纹衣

东周男子服饰

战国时女子襦裙

战国妇女的曲裾深衣

●秦汉服饰

秦代服饰变化较小，多为传统深衣样式。先秦时期的深衣，发展到汉代，称为"曲裾袍"。曲裾袍是汉代男女都穿的一种流行服装。这类服饰整体紧窄，下摆呈喇叭状，因长可曳地，故行不露足。衣袖有宽窄之分，袖口大多有镶边装饰。衣领多为交领，领口较低。秦汉时期的妇女喜穿曲裾，衣领有的多达三层，且要翻在外面，名为"三重衣"。在汉代，无裆的裤子逐渐被有裆的裤子取代以后，曲裤裾那用来遮挡无裆裤的长长的衣襟，就显得多余了。于是，形式更为简洁的直裾袍开始替代曲裾袍，成为新的时代流行。

战国时女子襦裙

战国妇女的曲裾深衣

战国时女子襦裙

战国妇女的曲裾深衣

●隋唐服饰

隋唐男子多流行圆领窄袖袍衫，其颜色也有规定：凡三品以上官员一律用紫色；五品以上为绯色；六品、七品为绿色；八品、九品为青色。唐代妇女的服饰主要是褥裙，上为小袖短裙，下为紧身长裙。裙腰一般系在腰部以上，有的系在腋下，用丝带系扎，给人一种俏丽修长的感觉。从宫廷普流出一种"半臂"衫，对襟、套头、翻领或无领，袖长只及肘处，身长到腰部，用小带子结在胸前。

隋唐短襦长裙

隋唐妇女的半臂长裙

隋唐男子的圆领窄袖袍衫

●宋代服饰

　　宋代的男装大体沿袭唐代样式，退休的官员、士大夫多穿一种叫作"直裰"的对襟长衫，袖子很大，袖口、领口、衫角都镶有黑边，头上再戴一顶方桶形的帽子，叫作"东坡巾"。宋代襦裙的样式和唐代的襦裙大体相同。唯衣襟有所不同，可用右衽，也可用左衽。宋代还出现一种叫"褙子"的服装，是通常的服饰，包括贵族妇女平时所穿的常服，大多为上衣袄、襦、衫、褙子、半臂等，下身为裙子、裤等；衣襟部分时常敞开，两边不用纽扣或绳带系连，任其露出内衣。

宋代官吏公服

宋代男子服饰

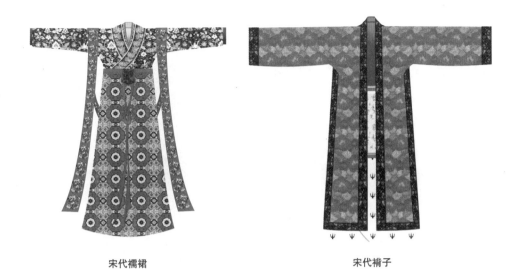

宋代襦裙

宋代褙子

●明朝服饰

　　明初冠服恢复汉族礼仪，并创出新服饰制度。服饰以袍为主，样式较多，衣裳长短均有，衫裙俱备。下层多穿短衣，头裹布巾或网巾；普通男装以方巾圆领为代表形式，儒生所着襕衫与当今舞台上京剧书生的服饰极为相似。明代妇女的服装，主要有衫、袄、霞帔、褙子、比甲及裙子等。衣服的基本样式，大多仿自唐宋，一般都为右衽，恢复了汉族的习俗。比甲为对襟、无袖，左右两侧开衩。明代还有一种水田衣，是一种以各色零碎锦料拼合缝制成的服装，因整件服装织料色彩互相交错形如水田而得名。它具有其他服饰所无法具备的特殊效果，简单而别致，所以赢得明清妇女的普遍喜爱。

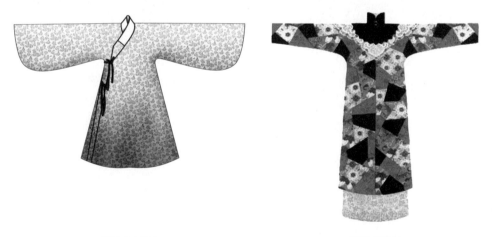

明代士人服饰

明代水田衣

明代襦裙

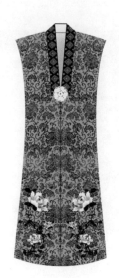

明代比甲

●清代服饰

明代男子一律挽袖，着宽松衣，穿长筒袜、浅面鞋；清代则剃发留辫，穿瘦削的马蹄袖箭衣、紧袜、深统靴，受八旗兵的甲衣影响，清代衣服的领边和襟边开始普遍使用纽扣，窄紧的衣衫外穿宽大袖子的马褂，或加宽衫袍的衣袖，且妇女开始缠足。

清代马褂

清代马蹄袖箭衣

卷九·舟车

舟之习于水也，弘舸连轴，巨槛接舻，既非素士所能办；蜻蜓蚱蜢，不堪起居。要使轩窗阑槛，俨若精舍，室陈厦飨，靡不咸宜。用之祖远饯近，以畅离情；用之登山临水，以宣幽思；用之访雪载月，以写高韵；或芳辰缀赏，或艳女采莲，或子夜清声，或中流歌舞，皆人生适意之一端也。至如济胜之具，篮舆最便，但使制度新雅，便堪登高涉远；宁必饰以珠玉，错以金贝，被以缋罽，藉以簟茀，缕以钩膺，文以轮辕，绚以鞗革，和以鸣鸾，乃称周行、鲁道哉？

【原文】舟之习于水也，弘舸连轴[1]，巨槛接舻[2]，既非素士[3]所能办；蜻蜓蚱蜢[4]，不堪起居。要使轩窗阑槛，俨若精舍，室陈厦飨[5]，靡不咸宜。用之祖远饯近[6]，以畅离情；用之登山临水，以宣幽思；用之访雪载月[7]，以写高韵；或芳辰缀赏，或艳女[8]采莲，或子夜[9]清声，或中流歌舞，皆人生适意之一端也。至如济胜之具，篮舆[10]最便，但使制度新雅，便堪登高涉远；宁必饰以珠玉，错以金贝[11]，被以缋罽[12]，藉以簟茀[13]，缕以钩膺[14]，文以轮辕，绚以鞗革[15]，和以鸣鸾[16]，乃称周行、鲁道[17]哉？志《舟车第九》。

【注释】〔1〕弘舸：大船。连轴：船首尾相连。

〔2〕巨槛：大船。接舻：船尾相接。

〔3〕素士：布衣之士，亦指贫寒的读书人。

〔4〕蜻蜓蚱蜢：两类昆虫，喻指小船。

〔5〕室陈：舱内的陈设。厦飨：舱外宴饮。

〔6〕祖远：饯送远行。饯近：饯别近游。

〔7〕访雪载月：访雪，《世说新语》载王徽之雪夜访友戴安道；载月，《避暑录话》载欧阳修在扬州时携客月夜游玩，戴月而归。

〔8〕艳（jìng）女：美女。

〔9〕子夜：乐府诗的一种。

〔10〕篮舆：古人的登山工具，两人抬着的竹笼。

〔11〕金贝：金刀龟贝，古代用作货币，亦泛指金钱财货。

〔12〕缋罽（huì jì）：有彩画的毛毯。罽，毛毯。

〔13〕簟茀（fú）：遮蔽车厢后窗的竹席。茀，古代车上的遮蔽物。

〔14〕钩膺：马颔及胸上的革带，下垂缨饰。

〔15〕鞗（tiáo）革：马络头的下垂装饰。

〔16〕鸣鸾：车铃声。

〔17〕周行、鲁道：周行，善道；鲁道，鲁国平坦之道路。

【译文】水中航行的大船巨舰，儒士文人无法拥有，小船小艇又不能歇息起居。只要船舱敞亮如精致房舍，室内陈设适宜，舱外能摆酒设宴，可迎来送往，以尽别离情谊；可登山涉水，访古寻幽；可踏雪戴月，抒发高远情致；船上共赏良辰美景、少女乘舟采莲，子夜泛舟清吟，江中纵情歌舞，都是人生之一大快事。至于交通工具，篮舆最为便捷，只要规格适宜、式样新雅，照样能登高涉远；难道一定要车驾镶金缀玉，五彩描画，绚丽装饰，才能行驶顺畅、道路通达吗？

巾 车

【原文】 今之肩舆，即古之巾车[1]也。第古用牛马，今用人车，实非雅士所宜。出闽、广者精丽，且轻便；楚中[2]有以藤为扛者，亦佳；近金陵所制缠藤者，颇俗。

【注释】 〔1〕肩舆、巾车：都是旧时交通工具，俗称"轿子"。

〔2〕楚中：指湖南、湖北。

【译文】 今天的"肩舆"，就是古时的"巾车"。不过古时靠牛马，如今用人力而已，实在不适合文人雅士乘坐。福建、广东的巾车，华丽轻便；湖南、湖北有用树藤为抬扛的巾车，也很好；近年南京制造的缠藤巾车，颇为俗气。

篮 舆

【原文】 山行无济胜之具，则篮舆似不可少。武林[1]所制，有坐身踏足处，俱以绳络者，上下峻坂皆平，最为适意，惟不能避风雨。有上置一架，可张小幔者，亦不雅观。

【注释】 〔1〕武林：地名，在今杭州。

【译文】 行走山路没有其他交通工具，篮舆却不可缺

◎巾车演进中的造型变化

巾车，俗称"轿子"，最早由车演化而来，是一种靠人或畜扛、载而行，供人乘坐的交通工具。

□ 篮舆

篮舆是古人登山的一种工具，即两个人抬着的竹笐，圆形的中央凹下一点，被褥铺在中间，坐、躺都很舒服，也可认为是竹轿。

□ 肩舆

肩舆即轿子，在宋代又有"檐子"之称。其外形有凸起顶盖，正方的轿厢两侧一般都有窗牖，且左右各有一根抬轿的长杆。

□ 暖轿

轿子在明中期以后渐渐普及，此时的轿子样式分类也多，有显轿（凉轿）、暖轿之分。凉轿为一把大靠椅，两旁有竹杠，椅子下面设有踏脚板，无帷幕。暖轿则是有帷幕遮蔽、可以防寒的轿子。

□ 官轿

按乘坐人身份不同，轿子有官轿和民轿之别，抬轿人数以及轿子质地是判断标准。古代官轿呈枣红色者为高官坐轿，呈绿色者多为低级官员或举人、秀才坐轿。民轿在抬轿人数和轿子质地上都较官轿稍差。

少。武林山的篮舆，座位和踏脚处都有绳网遮拦，上下陡
坡时都很平稳，非常舒适，只是不能避风雨。也有设置一
个支架铺上帐幔的，但不雅观。

舟

【原文】 形如划船，底惟平，长可三丈有余，头阔
五尺，分为四仓：中仓可容宾主六人，置桌凳、笔床、酒
枪、鼎彝、盆玩之属，以轻小为贵；前仓可容僮仆四人，
置壶榼、茗炉、茶具之属；后仓隔之以板，傍容小弄，以
便出入。中置一榻，一小几。小厨上以板承之，可置书
卷、笔砚之属。榻下可置衣厢、虎子之属。幔以板，不以
篷簟，两傍不用栏楯，以布绢作帐，用蔽东西日色，无日
则高卷，卷以带，不以钩。他如楼船[1]、方舟[2]诸式，
皆俗。

【注释】 〔1〕楼船：船舱做成楼的船。
〔2〕方舟：两船并联一起行驶。

【译文】 舟底平直，长可达三丈多，头部宽五尺，分
为四个舱：中舱可容宾主六人，放置桌凳、笔床、酒枪、
鼎彝、盆景之类，以小巧的为好；前舱可容小童仆人四
人，放置酒壶、茶炉、茶具之类；后舱用木板隔出一个小
巷，便于出入。舱中可安置一张榻，一个小几。小橱柜上
放置一木板，用以摆放书卷、笔砚之类。榻下可放衣箱、
便器。船篷要用木板，不可用竹篾，两旁不用栏杆，用布
绢做幔帐，遮挡阳光，阴天就卷起来，用带子固定，不
用钩子。其他如楼船、方舟之类，都很俗气。

小 船

【原文】 长丈余，阔三尺许，置于池塘中，或时鼓
枻[1]中流；或时系于柳阴曲岸，执竿把钓，弄月吟风；

以蓝布作一长幔，两边走檐，前以二竹为柱；后缚船尾钉两圈处，一童子刺之。

【注释】 〔1〕鼓枻（xiè）：划船。

【译文】 小船，长一丈多，宽三尺左右，放在池塘中，有时湖面泛舟；有时停靠柳岸，月夜垂钓。小船用蓝布做船篷，两边伸出作檐，前面用两根竹竿支撑，后面固定在船尾。行船时需一小童撑船。

卷十·位置

　　位置之法，烦简不同，寒暑各异，高堂广榭，曲房奥室，各有所宜，即如图书鼎彝之属，亦须安设得所，方如图画。云林清秘，高梧古石中，仅一几一榻，令人想见其风致，真令神骨俱冷。故韵士所居，入门便有一种高雅绝俗之趣。若使前堂养鸡牧豕，而后庭侈言浇花洗石，政不如凝尘满案，环堵四壁，犹有一种萧寂气味耳。

【原文】位置[1]之法，烦简不同，寒暑各异，高堂广榭，曲房奥室[2]，各有所宜，即如图书鼎彝之属，亦须安设得所，方如图画。云林[3]清秘[4]，高梧古石中，仅一几一榻，令人想见其风致，真令神骨俱冷。故韵士所居，入门便有一种高雅绝俗之趣。若使前堂养鸡牧豕，而后庭侈言浇花洗石，政不如凝尘[5]满案，环堵[6]四壁，犹有一种萧寂气味耳。志《位置第十》。

【注释】[1]位置：安排置放。

[2]曲房奥室：密室。

[3]云林：元代画家倪瓒，号云林子。

[4]清秘：清净秘密之所。

[5]凝尘：积尘。

[6]环堵：四周环着每面一方丈的土墙。形容狭小、简陋的居室。

【译文】空间布局，有繁有简，寒暑各异；高楼大厦，幽居密室，各不相同；即便图书及鼎彝之类玩物，也要陈设得当，才能像图画一样协调有致。元代画家云林的居所在高山丛林中，只设一几一榻，却令人联想到山居风致，顿觉通体清凉。因此雅士居所，进门就有一种高雅脱俗的风韵。如果前庭养鸡养猪，后院就不可种花弄石，不如几案满尘、四壁矮墙，那样还有一种萧瑟寂静的意味。

坐几

【原文】天然几一，设于室中左偏东向，不可迫近窗槛，以逼风日。几上置旧研一，笔筒一，笔砚一，水中丞一，研山一。古人置研，俱在左，以墨光不闪眼，且于灯下更宜，书尺镇纸各一，时时拂拭，使其光可鉴，乃佳。

【译文】书案要摆放在屋里东面偏左的位置，不要过于靠近窗户，避免日晒风吹。书案上置备一个旧砚台，一个笔筒，一个笔砚，一个水盂，一个砚山。古人把砚台放在左边，不至于墨汁反光而花眼，灯下书写尤其如此。界尺、镇纸须各备一个，时常擦拭，使其光可鉴人，是为最佳。

坐 具

【原文】 湘竹榻及禅椅皆可坐，冬月以古锦制褥，或设皋比[1]，俱可。

【注释】 [1]皋（gāo）比：虎皮。

【译文】 斑竹榻及禅椅都可作坐椅，冬天用古锦面的坐垫或者铺垫虎皮，都可以。

椅 榻 屏 架

【原文】 斋中仅可置四椅一榻，他如古须弥座、短榻、矮几、壁几[1]之类，不妨多设，忌靠壁平设数椅，

□ **槐阴消夏图　宋人小品**

　　图中所绘为盛夏槐荫下，一高士袒胸赤足的怡然卧姿。高枕凉榻，闭目假寐，榻侧置雪景寒林图屏风，床边条几之上香炉、蜡台、书卷罗列，静雅有致，足见当时文士对闲适生活之倾心。

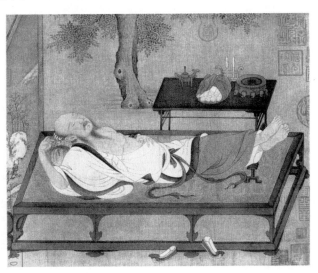

屏风仅可置一面，书架及橱俱列以置图史，然亦不宜太杂，如书肆中。

【注释】〔1〕壁几：圆形或半圆形的几，多置于墙壁，故名。

【译文】居室里只能设置四把椅子、一张卧榻，其他如佛像座、短榻、矮几、壁几之类，不妨多设，不过忌讳多把坐椅靠墙并排摆放。屏风只能设立一面，书架及橱柜可同时置备，用以贮存书画典籍，但也不宜太杂，如同书店一样。

悬 画

【原文】悬画宜高，斋中仅可置一轴于上，若悬两壁及左右对列，最俗。长画可挂高壁，不可用挨画竹曲挂。画桌可置奇石，或时花盆景之属，忌置朱红漆等架。堂中宜挂大幅横披，斋中宜小景花鸟；若单条、扇面、斗方、挂屏之类，俱不雅观。画不对景，其言亦谬。

【译文】挂画宜高，室内只能挂一幅；两壁及左右对列悬挂，最俗。长幅画应挂在高处，不可曲挂。画桌可摆放奇石，或者盆景花卉之类，切忌摆放朱红漆架子。厅堂宜挂大幅横披，书斋宜挂小景、花鸟画；单条、扇面、斗方、挂屏等，都不雅观。悬挂的绘画与环境不协调，就适得其反了。

置 炉

【原文】于日坐几上置倭台几方大者一，上置炉一；香盒大者一，置生、熟香；小者二，置沉香、香饼之类；筋瓶一。斋中不可用二炉，不可置于挨画桌上，及瓶盒对列。夏月宜用磁炉，冬月用铜炉。

【译文】在常用的坐几上放置一个日式小几，上面放

□ **置炉**

　　香炉一般与香盒、箸瓶放于一起，即炉瓶三事。香盒用来贮藏香粉或香条，箸瓶用来放置箸铲。古代绘画作品中多有炉瓶三事的形象出现。炉瓶三事多放置于矮几之上，以适合人坐下的高度为宜。

一个炉子、一个存放生香和熟香的大香盒、两个存放沉香和香饼的小香盒、一个箸瓶。一室不可用两个炉子，不可放在靠近挂画的桌上，瓶子与盒子不可对列。夏天宜用陶瓷炉，冬天则用铜炉。

置 瓶

【原文】 随瓶制置大小倭几之上，春冬用铜，秋夏用磁；堂屋宜大，书室宜小，贵铜瓦，贱金银，忌有环，忌成对。花宜瘦巧，不宜繁杂，若插一枝，须择枝柯奇古，二枝须高下合插，亦止可一二种，过多便如酒肆；惟秋花插小瓶中不论。供花不可闭窗户焚香，烟触即萎，水仙尤甚，亦不可供于画桌上。

【译文】 花瓶根据式样大小，摆放在适宜的大小矮几上。春冬用铜瓶，秋夏用瓷瓶；堂屋宜大，书房宜小；以铜瓶瓷瓶为好，金银瓶子则俗；花瓶忌讳有瓶耳，忌讳成对摆放。瓶花适合纤巧，不宜繁杂，如插一枝，要选择奇特古朴的枝干，两枝要高低错落，最多也就一二种，过多就像酒楼一般；只有秋花插小瓶，可不论多少。室内摆有插花，不可关窗焚香，花被烟熏会萎谢，水仙花尤其如此。插花也不可摆在画桌上。

小 室

【原文】 小室内几榻俱不宜多置，但取古制狭边书几一，置于中，上设笔砚、香盒、薰炉之属，俱小而雅。别设石小几一，以置茗瓯[1]茶具；小榻一，以供偃卧趺坐，不必挂画。或置古奇石，或以小佛橱供鎏金[2]小佛于上，亦可。

【注释】 〔1〕茗瓯：喝茶用的器具。
〔2〕鎏金：将金和水银合成金贡齐，涂在器物表面，加热水银会蒸发，金就附着在器面而不脱。

【译文】 小室内，几、榻都不宜过多，只要古制的窄边书几一个，上面置备小巧清雅的笔砚、香盒、薰炉之类文具。另外，摆设一个石制小几以摆放茶具，一张小榻以供躺卧小憩。小室内不必挂画，陈设古奇石，或者用小佛橱供奉镏金小佛像，都可以。

卧 室

【原文】 地屏〔1〕天花板虽俗，然卧室取干燥，用之亦可，第不可彩画及油漆耳。面南设卧榻一，榻后别留半室，人所不至，以置薰笼、衣架、盥匜、厢奁、书灯之属。榻前仅置一小几，不设一物，小方杌二，小橱一，以置香药、玩器。室中精洁雅素，一涉绚丽，便如闺阁中，非幽人眠云梦月所宜矣。更须穴壁一，贴为壁床〔2〕，以供连床夜话，下用抽替以置履袜。庭中亦不须多植花木，第取异种宜秘惜者，置一株于中，更以灵璧、英石伴之。

【注释】 〔1〕地屏：地板。
〔2〕壁床：以墙壁上的空穴为床，叫壁床。

【译文】 卧室装地板和天花板虽然俗气，但为保持干燥，也可以装，只是不可饰以彩画和油漆。在西南方位置摆放一张卧榻，卧榻不要紧靠墙壁，留出一个空巷，用来贮放熏炉、衣架、盥洗梳妆用具及书灯等物。卧榻前只摆一个小几，上面不要摆放任何东西。另外置备两个小方凳、一个小橱柜以贮放香药、玩物。卧室内要简洁素雅，一旦装饰得绚丽多彩，就如同闺阁，不适合幽居之人闲居了。还须在墙壁上辟一空穴，作为壁床，夜间可并床叙谈，下面设置抽屉用来装鞋袜。室内不须多置花木，只须一株品种奇特可爱的，再配上灵璧石、英石就可以了。

◎室内陈设

室内陈设，通常仅指名门士子第宅之内的陈设，寻常百姓无此财力，即使有心也难足力。下图为清代卧室的陈设，卧榻、小几、小方杌、椅、小橱、大柜无不具备，几杌上再置香药玩器，紧凑有序，又不失清洁素雅，此即明清卧室陈设之大概。

①床

古人对卧室极为重视，床的形制常高大精美。明清时期的床样式较多，有架子床、拔步床、罗汉床等。

②柜

柜橱类家具为古代室内必备家具，放置衣服、床铺物等都需要用到此类家具。柜橱类家具一般有圆角柜、方角柜、竖柜、闷户橱和箱等造型。

③坐具

凳、椅等坐具在室内的布置也有规范。椅类样式较多，在厅、堂、室、书房等都可布置。凳类较椅降低了高度就如同降低了等级，一般不用在较为正式的厅堂。

④几

几为古代室内常见家具，种类、样式繁多，厅堂布置也各有特定规范。如香几常置香炉，多成组成对使用；茶几为放置茶具使用，常与椅子搭配；花几用以盛放盆景，常置厅堂各角落或条案两侧。小几类多放置其他杂物。

佛 室

【原文】 佛室内供乌丝藏佛[1]一尊，以金鏒甚厚、慈容端整、妙相具足者为上，或宋、元脱纱大士像俱可，用古漆佛橱；若香像唐像及三尊[2]并列、接引[3]诸天[4]等像，号曰"一堂"，并朱红小木等橱，皆僧寮所供，非居士所宜也。长松石洞之下，得古石像最佳；案头以旧磁净瓶[5]献花，净碗[6]酌水，石鼎蒻[7]印香，夜燃石灯，其钟、磬、幡、幢、几、榻之类，次第铺设，俱戒纤巧。钟、磬尤不可并列。用古倭漆经厢，以盛梵典。庭中列施食台[8]一，幡竿一，下用古石莲座石幢[9]一，幢下植杂草花数种，石须古制，不则亦以水蚀之。

【注释】 〔1〕乌丝藏佛：西藏产的金佛。

〔2〕香像唐像及三尊：香像，即"大力金刚"；唐像，待考；三尊，这里应为"释迦三尊"，即"释迦""文殊""普贤"。

〔3〕接引：即"接引佛"。

〔4〕诸天：佛经语"三界二十八天，称为'诸天'"。即上天神界之位。

〔5〕净瓶：佛家的洗手用具。

〔6〕净碗：佛像前供奉清水的碗。

〔7〕蒻（ruò）：点燃、焚烧。

〔8〕施食台：施舍饭食的台子。

〔9〕石幢：刻有佛号或经咒的石柱。

【译文】 佛堂内供奉的佛像，以金厚实、面容慈祥端庄的藏佛为最好，或者是宋元时无披纱观音菩萨像，用古漆佛橱供奉。如果香像唐像及三尊像并列，接引、诸天等像，称为"一堂"，一起用朱红小木橱供奉，这是寺院的陈列，不适合居士在家修行。在家修行的居士，如果有在松林石壁觅到的古石佛像，是最好。案头上供奉古瓷净瓶插花，净碗盛水，石鼎焚香，石灯通夜长明，钟、磬、幡、幢、几、榻之类，依次排列。但是钟、磬一定不能并列。用漆有古日本漆的经箱存放佛经。室中再设一个施食台，一根挂幡竹竿，下面用古石莲花座石幢一个，幢下种植各种花草，石幢要古旧的，不然就用水浸泡做旧再用。

敞 室

【原文】 长夏宜敞室，尽去窗槛，前梧后竹，不见日色，列木几极长大者于正中，两傍置长榻无屏者各一，不必挂画，盖佳画夏日易燥，且后壁洞开，亦无处宜悬挂也。北窗设湘竹榻，置簟于上，可以高卧。几上大砚一，青绿水盆一，尊彝之属，俱取大者；置建兰一二盆于几案之侧；奇峰古树，清泉白石，不妨多列；湘帘四垂，望之如入清凉界中。

【译文】 夏天应敞开屋子，窗户的窗扇全部撤除，屋前有梧桐树，屋后是竹林，不见阳光。摆放一个特别长大的木几在屋子正中，两旁各放一张无屏长榻。夏天不必挂画，因为气温高，好画易损，况且后壁洞开，也无处悬挂。北窗下摆放一张斑竹榻，铺上草席，可以躺卧。书案上放置大砚台一个、青绿水盆一个，以及尊彝之类，都要用较大的。书案旁摆一二盆建兰。奇峰古树、清泉白石等盆景，不妨多陈设一些。屋子四周垂挂竹帘，使人感觉十分清凉。

亭 榭

【原文】 亭榭不蔽风雨，故不可用佳器，俗者又不可耐，须得旧漆、方面、粗足、古朴自然者置之。露坐，宜湖石平矮者，散置四傍，其石墩、瓦墩之属，俱置不用，尤不可用朱架架官砖于上。

【译文】 亭台水榭不能遮蔽风雨，因此，内置器物用具不需特别贵重，但过于粗俗的也难以使用，应置备一些厚实耐用、古朴自然的桌凳。露天坐凳，宜用矮平的太湖石，将它们散放四周，其他的石墩、瓷墩之类，都不可用，尤其不可用官窑砖铺在朱红架子上做坐凳。

◎敞室陈设

敞室，即没有太多遮隔的大房间。通常用于会客、处理日常家务或兼公事房。

①太师椅

太师椅为清代扶手椅的一种专称，最能代表清代家具造型特点。其整体宽大，靠背与扶手相连，形成三扇、五扇或多扇的围屏。整体造型大方得体，既稳重厚实又不乏工艺美感，置于敞室内再合适不过。

②几案

敞室内的几案要大，与房间体积以及其他家具相配合。敞室内几案多为长条形，可一侧靠墙，一侧朝向室中，几案上可置临时的文房用器、古雅陈设器、盆玩等赏心悦目之物，也可为主人与访客提供闲谈之所。

③洞橱

在墙壁上凿出空间，制成带有格子的柜橱样式。外部设橱柜门，一般为对称的两扇，门外有装饰画，合上之后犹如墙上的"挂画"，而洞橱则暗含在"挂画"之后。

④竹林

古人常在屋前种植梧桐树，屋后种植竹林，喜欢将房屋掩隐于树林之中。这样一来，不仅可呼吸山林之气，赏自然之景，又可在炎炎夏日寻找到丝丝凉意。

⑤卷帘

在相邻的两个房间内多有内通的门，一般不常用门扇，而用帘子。古代帘子以竹制为主，也有用兰草编制而成的。

卷十一·蔬果

　　田文坐客，上客食肉，中客食鱼，下客食菜，此便开
千古势利之祖。吾曹谈芝讨桂，既不能饵菊术，啖花草；
乃层酒累肉，以供口食，真可谓秽吾素业。古人苹蘩可
荐，蔬笋可羞，顾山肴野蔌，须多预蓄，以供长日清谈，
闲宵小饮；又如酒铛皿合，皆须古雅精洁，不可毫涉市
贩屠沽气；又当多藏名酒，及山珍海错，如鹿脯、荔枝之
属，庶令可口悦目，不特动指流涎而已。

【原文】田文坐客[1]，上客食肉，中客食鱼，下客食菜，此便开千古势利之祖。吾曹谈芝讨桂[2]，既不能饵菊术[3]，啖花草；乃层酒累肉[4]，以供口食，真可谓秽吾素业[5]。古人苹蘩可荐[6]，蔬笋可羞，顾山肴野蔌[7]，须多预蓄，以供长日清谈，闲宵小饮；又如酒铛[8]皿合[9]，皆须古雅精洁，不可毫涉市贩屠沽气；又当多藏名酒，及山珍海错，如鹿脯、荔枝之属，庶令可口悦目，不特动指流涎而已。志：《蔬果第十一》。

【注释】〔1〕田文：即孟尝君，战国时齐国人。坐客：座上之客。

〔2〕谈芝讨桂：谈论、欣慕芝桂的高洁。

〔3〕饵菊术：吃菊花、白术。

〔4〕层酒累肉：大量饮酒食肉。

〔5〕素业：儒素生活。

〔6〕苹蘩可荐：苹、蘩，两种可供食用的水草。荐，佐食。

〔7〕山肴野蔌（sù）：野味与野菜。蔌，蔬菜的总称。

〔8〕酒铛（chēng）：三足的温酒器。

〔9〕皿合：饮食之用器。

【译文】孟尝君家的客人分三等，上等客人吃肉，中等客人吃鱼，下等客人吃蔬菜，这就是千百年来势利处世哲学的源头。我们欣慕芝兰的高洁，却不能吃花食草；相反大量饮酒食肉，可谓是玷污我等的素洁生活。古人爱吃蔬菜、竹笋及野生植物，所以要多准备一些野味野菜，以供白日清谈，夜里消闲时，小饮佐酒；酒器食具都要古雅精致，不能沾染丝毫肉铺酒肆的市井气；还应多贮藏一些名酒和山珍海味，如鹿肉干、荔枝之类，这些食品既可口又悦目，不止饱口福而已。

樱 桃

【原文】樱桃古名楔桃，一名朱桃，一名英桃，又为

◎樱桃的性味

樱桃属蔷薇科落叶乔木果树，成熟时颜色鲜红，玲珑剔透，味美形娇，故有"含桃"的别称。据说黄莺特别喜好啄食这种果子，因而名为"莺桃"。

叶

【气味】味甘，性平，无毒。

【主治】治蛇咬，捣汁后服用，并敷在伤处。

果 实

【气味】味甘、涩，性热，无毒。

【主治】主调中，能益脾胃，可养颜美容，止泄精、水谷痢。

东行根

【气味】味甘，性平，无毒。

【主治】煮水后服用，可治寸白虫。

花

【气味】味甘，性平，无毒。
【主治】治面黑粉刺。

枝

【气味】味甘，性平，无毒。

【主治】可治雀斑，将枝同紫萍、牙皂、白梅肉研和，每日洗脸。

鸟所含，故礼称含桃，盛以白盘，色味俱绝。南都[1]曲中有英桃脯，中置玫瑰瓣一味，亦甚佳，价甚贵。

【注释】〔1〕南都：南京。

【译文】樱桃古代叫作"楔桃"，也叫"朱桃"，又叫"英桃"，因为常被鸟含食，所以《礼记》里称之为"含桃"，放在白色盘子里，色味都很绝妙。南京官妓坊有一种加入玫瑰花瓣的樱桃干，口味十分好，价格也很昂贵。

桃 李 梅 杏

【原文】 桃易生，故谚云："白头种桃。"[1]其种有：匾桃、墨桃、金桃、鹰嘴、脱核蟠桃，以蜜煮之，味极美。李品在桃下，有粉青、黄姑二种，别有一种，曰嘉庆子，味微酸。北人不辨梅、杏，熟时乃别。梅接杏而生者，曰杏梅，又有消梅，入口即化，脆美异常，虽果中凡品，然却睡止渴，亦自有致。

【注释】〔1〕白头种桃：典出《埤雅》，指树结实迅速的意思。

【译文】 桃树生长很快，所以有谚语"白头种桃"。桃的品种有扁桃、黑桃、金桃、鹰嘴桃、脱核蟠桃，用蜜汁煮食，味道非常甜美。李子品级在桃之下，有青皮、黄皮两种，另有一种叫"嘉庆子"的李子，味道微酸。北方

◎李的性味

李，又叫"李实""嘉庆子"。李属蔷薇科李亚科李属乔木植物。我国大部分地区都可栽培，夏季采摘，洗净，去核鲜用，或晒干用。

花
【气味】味苦、香，无毒。
【主治】研末洗脸，使人面色润泽，去粉刺黑斑。

果实
【气味】味苦、酸，性微温，无毒。
【主治】晒干后吃，去痼热，调中。去骨节间劳热。肝有病的人宜于食用。

叶
【气味】味甘、酸，性平，无毒。
【主治】治小儿壮热及疟疾引起的惊痫。用汤洗身，效果良好。

核仁
【气味】味苦，性平，无毒。
【主治】 主摔跌引起的筋折骨伤，骨痛瘀血。可使人气色好。治女子小腹肿胀，利小肠，下水气，除浮肿，治面上黑斑。

树胶
【气味】味苦，性寒，无毒。
【主治】治目翳，镇痛消肿。

根白皮
【气味】性大寒，无毒。
【主治】 消渴，可止腹气上冲引起的头昏目眩；煎水含漱，可治牙痛；煎汤饮用，可治赤白痢；烤黄后煎汤，于次日饮用，可治女子突然带下赤白；还可治小儿高热，解丹毒。

人到果实成熟后才能区分梅、杏。梅树嫁接到杏树上而长出的果实，叫作"杏梅"。还有一种早梅，入口即化，特别香脆，虽说只是普通果品，但能提神止渴，也自有用处。

橘 橙

【原文】 橘为木奴，既可供食，又可获利。有绿橘、金橘、蜜橘、匾橘数种，皆出自洞庭；别有一种小于闽中，而色味俱相似，名漆碟红者，更佳；出衢州者皮薄亦美，然不多得。山中人更以落地未成实者，制为橘药[1]，醶者[2]较胜。黄橙堪调脍，古人所谓"金齑"[3]；若法制丁片，皆称"俗味"。

◎橙的性味

橙，又称"柳橙""甜橙""黄果""金环""柳丁"。芸香科柑橘属常绿乔木，是柚子与橘子的杂交品种，起源于东南亚。果实可以剥皮鲜食果肉，也可榨汁直接饮用。

果实
【气味】味酸，性寒，无毒。
【主治】洗去酸汁，切碎和盐煎后贮食，止恶心，去胃中浮风恶气。行风气，疗淋巴结核和甲状腺肿大，杀鱼、蟹毒。

核
【气味】味苦，性寒，无毒。
【主治】浸湿研后，夜涂，可治面斑粉刺。

果皮
【气味】味苦、辛，性温，无毒。
【主治】做酱、醋香美，食后可散肠胃恶气，消食下气，去胃中浮风气；和盐贮食，止恶心，解酒病；加糖做的橙丁，甜美，且能消痰下气，利膈宽中，解酒。

【注释】 〔1〕橘药：用糖熬制过的橘子。

〔2〕醎（xián）：同"咸"，这里指用盐腌渍。

〔3〕金齑（jī）：即切细的柑橘片，因色黄似金，故名。齑，细小。

【译文】 橘又叫"木奴"，既可自己食用，也可出售赚钱。其品种有绿橘、金橘、蜜橘、扁橘等数种，都产自太湖；有一种小于闽橘而色味相似的"漆碟红"，味道更美；产自衢州的薄皮橘子也很甜美，但很稀少。山里人将没有成熟掉到地上的橘子制成药橘，其中腌渍的更好。黄橙可像鱼肉一样切为细片，即古人所谓"金齑"；假如都如法炮制，使它成丁成片，那就成为"俗味"了。

柑

【原文】 柑出洞庭者，味极甘；出新庄者，无汁，以刀剖而食之。更有一种粗皮，名蜜罗柑者，亦美。小者曰金柑，圆者曰金豆。

【译文】 产自洞庭湖的柑，非常甜；产自新庄的，无果汁，要用刀剖开来吃。还有一种粗皮的蜜罗柑，味美。小的叫"金柑"，圆的叫"金豆"。

香 橼

【原文】 香橼大如杯盂，香气馥烈，吴人最尚。以磁盆盛供，取其瓤，拌以白糖，亦可作汤，除酒渴；又有一种皮稍粗厚者，香更胜。

【译文】 香橼大如水杯，香气浓烈，苏州人最喜爱。将香橼放在瓷盆里，取出果肉，拌上白糖，也可以熬汤，可用于酒后解渴。还有一种果皮稍粗厚的，香气更浓。

◎柑的性味

又称"柑子""金实"，果实一般较大，但比柚小，形圆而稍扁，皮较厚，凸凹粗糙，果皮较易剥离，其种子大部分为白色。

叶

【主治】可治疗耳朵流水或流脓血。用时需取嫩叶尖七个，加几滴水，蘸取汁滴入耳孔中。

果实

【气味】味甘，性大寒。

【主治】可除肠胃热毒，止暴渴，利小便。

果皮

【主治】主下气调中，果皮祛白喉。烘干研成末，加盐后做成汤，喝后可解酒毒或酒渴。

◎香橼的性味

香橼与佛手柑、柠檬等观果类一样，同为芸香科柑橘属的多年生常绿灌木或小乔木。香橼果实为淡黄色，具浓香，食来味道甚美。香橼枝叶常绿，既能赏花又可观果，绿叶与黄果相互映衬，是冬季室内的装饰佳品。

叶

【气味】味苦、辛，性微寒。

【主治】治伤寒咳嗽。内服：煎汤，1~3钱。

果实

【气味】味辛、微苦、酸，性温。

根

【主治】理气，消胀。治胃腹胀痛，风痰咳嗽，小儿疝气。

枇 杷

【原文】 枇杷独核者佳，株叶皆可爱，一名款冬花，蔫之果奁，色如黄金，味绝美。

【译文】 只有一颗核的枇杷最好，枇杷的枝叶都好看，别名叫"款冬花"，腌渍后装入果盒，色泽金黄，味道绝美。

杨 梅

【原文】 杨梅吴中佳果，与荔枝并擅高名，各不相下，出光福山中者，最美。彼中人以漆盘盛之，色与漆等，一斤仅二十枚，真奇味也。生当暑中，不堪涉远，吴中好事家或以轻桡[1]邮置，或买舟就食，出他山者味

◎ 枇杷的性味

枇杷，又名"卢橘""金丸"，原产中国，因其树叶形状很像中国传统乐器琵琶而得名。唐朝时枇杷被列为贡品。枇杷初冬开花，果实呈球形或椭圆形，果色金黄，果肉橙黄，汁多，味鲜甜而柔糯，是水果中珍品。除生食外，还可制果酱、果膏、果露、果酒等。

花
【主治】 枇杷花与辛夷花按等份分别研末，用酒每天两次各送服二钱可治头痛、鼻流清涕。

叶
【主治】 用叶来煮水，可治下气、呕吐、产后口干、肺气热咳、胸面上疮；还能和胃降气，清热解暑毒，治疗脚气。

果 实
【气味】 味甘，微酸。
【主治】 多吃易发痰热，造成伤脾；也不可与烤肉、热面等一起食用，会患黄病。适量食用可润肺化痰，治疗气管炎。

◎杨梅的性味

杨梅，又称"圣生梅""白蒂梅""树梅"。杨梅属于杨梅科乔木植物。杨梅树易栽培，寿命长，生产成本比其他水果低，因此，又被誉为"摇钱树"。

根、树皮

【气味】味苦，性温。

【主治】散瘀止血，止痛。用于跌打损伤，骨折，痢疾，胃痛、十二指肠溃疡，牙痛。

果

【气味】味酸、甘，性平。

【主治】具有消食、除湿、解暑、生津止咳、助消化、御寒、止泻、利尿、防治霍乱等作用。

酸，色亦不紫。有以烧酒浸者，色不变，而味淡；蜜渍者，色味俱恶。

【注释】〔1〕轻桡：快艇。

【译文】 杨梅是苏州的绝佳水果，与荔枝的美誉不相上下，产自苏州光福山的最好。山里人用漆盘盛上，杨梅的色泽如漆色一样鲜亮，此地杨梅个大，一斤仅有二十枚，是极好的果品。杨梅成熟时正当暑期，不能远运，有不嫌麻烦的人就用轻快小船外运，或者乘船前往品尝。产自其他山里的杨梅，味酸、色淡。杨梅也可用来泡酒，其色不变而味更淡；用蜜渍的，色味都差。

葡萄

【原文】 葡萄有紫、白二种。白者曰水晶萄，味差亚于紫。

【译文】 葡萄有紫色、白色二种。白色的叫"水晶萄"，味道不及紫葡萄。

◎葡萄的性味

葡萄品种很多,但总体上可分为酿酒葡萄和食用葡萄两大类。我国从汉代就开始种植葡萄。多吃葡萄可补气、养血、强心。《名医别录》载:"葡萄,逐水,利小便。"

果 实

【气味】味甘、涩,性平,无毒。

【主治】主筋骨湿痹,益气增力强志,令人肥健,耐饥饿风寒,轻身不老延年。食用或研酒饮又可通利小便,催痘疮快出。

叶、藤、根

【主治】煮汁饮,止呕吐及腹泻后恶心;孕妇胎动频繁不适,饮后即安;治腰腿痛,煎汤淋洗,即有所改善;饮其汁,利小便,通小肠,消肿胀。

荔 枝

【原文】 荔枝虽非吴地所种,然果中名裔,人所共爱,红尘一骑,不可谓非解事人。彼中有蜜渍者,色亦白,第壳已殷,所谓"红襦白玉肤",亦在流想[1]间而已。龙眼称荔枝奴,香味不及,种类颇少,价乃更贵。

【注释】 〔1〕流想:想象。

【译文】 荔枝虽然不是江苏出产,但它是水果中佳品,人人都喜爱,"红尘一骑",正是为了品尝荔枝的鲜美。其中有蜜渍的,肉色还白,但壳已变红,因此有"红襦白玉肤"的说法。龙眼又称"荔枝奴",香味不及荔枝,品种也很少,价格更贵。

◎荔枝的性味

"荔枝"二字出自西汉，栽培则始于秦汉，盛于唐宋。其果肉肥厚，肉质润滑，核细如米，入口香甜，有"果中之王"美誉。而杜牧的千古名句"一骑红尘妃子笑，无人知是荔枝来"，更为山野荔枝烙上了皇室水果的标记，从此有了贵族的身份。

果实

【气味】味甘，性平，无毒。

【主治】止渴，益人颜色，提神健脑。可治头晕、胸闷、烦躁不安，背膊不适，淋巴结核，脓肿、疔疮，小儿痘疮。

壳

【主治】治小儿疮痘出不快，煎汤饮服。可解荔枝热，浸泡水饮服。

枝

【主治】用水煮汁，细细含咽，可治喉痹肿痛。

核

【气味】味甘、涩，性温，无毒。

【主治】将一枚核煨存性，研成末，以酒调服，可治胃痛、小肠气痛、妇女血气刺痛。

枣

【原文】枣类极多，小核色赤者，味极美。枣脯出金陵，南枣出浙中者，俱贵甚。

【译文】枣的品种很多，核小色红的枣，味道极美。南京的枣脯、浙江的南枣，都很珍贵。

生梨

【原文】梨有两种：花瓣圆而舒者，其果甘；缺而皱者，其果酸，亦易辨。出山东，有大如瓜者，味绝脆，入口即化，能消痰疾。

【译文】梨有两种：花瓣圆而舒展的，结出的果子就甜；花瓣少而皱的，结出的果子就酸。山东出产一种如瓜大的梨，非常香脆，入口即化，能止咳祛痰。

◎枣的性味

我国早已有枣的栽培记载，而且吃枣历史也很久了，枣自古就被列为"五果"（桃、李、梅、杏、枣）之一。历代书籍很多都有记载，《诗经》有"八月剥枣"的记载，《礼记》上有"枣栗饴蜜以甘之"，《战国策》有"北有枣栗之利……足食于民"。

木 心

【气味】味甘、涩，性温，有小毒。

【主治】治寄生虫引起的腹痛、面目青黄、淋露骨立。锉取木心一斛，加水淹过三寸，煮至二斗水时澄清，再煎至五升。每日晨服五合，呕吐即愈。另外煎红水服，能通经脉。

枣

【气味】味甘，性平，无毒。

【主治】主心腹邪气，安中，养脾气，平胃气，通九窍，助十二经，补少气、少津液、身体虚弱治大惊、四肢重，和百药。长期服食能轻身延年。补中益气，坚志强力，除烦闷，疗心下悬，除肠癖。润心肺，止咳，补五脏，治虚损，除肠胃癖气。和光粉并烧，可治疳痢。

叶

【气味】味甘，性温，微毒。

【主治】覆盖麻黄，能令发汗。和葛粉，搽痱子疮，效果好。

三年核仁

【主治】主腹痛邪气，恶气猝疰忤。核，烧研，搽胫疮很好。

皮

【主治】枣树皮与等量北向的老桑树皮烧研，每次用一合，以井水煎后，澄清，洗目，一月三次，可治眼昏。

◎梨的性味

梨树的种植历史已有四千多年，是我国南北方普遍种植的一种果树。其适应能力强，经济价值较高。不但果实细腻甘甜，而且其他各个部分也都有很高的药用保健功效。

果 实

【气味】味甘、微酸，性微寒。

【主治】可治热咳、伤寒发热、惊邪。将其切成片贴于烫伤处可止痛防腐烂；做成浆饮用可吐出风痰；捣成汁频服，可治急性伤风失音。有痹寒热结的人可多吃，生有金疮、血虚者及妇孺不可食用。

花

【主治】可用于祛除面黑粉刺。

叶

【主治】捣成汁后服用可解菌毒，治小儿疝气、霍乱吐痢不止。

栗

【原文】 杜甫寓蜀，采栗自给，山家御穷，莫此为愈。出吴中诸山者绝小，风干，味更美；出吴兴者，从溪水中出，易坏，煨熟乃佳。与橄榄同食，名为"梅花脯"，谓其口味作梅花香，然实不尽然也。

【译文】 杜甫寓居四川时，靠采板栗养活自己，山里人家维持生计，没有比这更好的办法。吴中山里出产的板栗都很小，风干后，味道更好；吴兴出产的板栗，因从溪流运出，容易坏，煮熟存放为好。板栗与橄榄同吃，称为"梅花脯"，说是口味如梅花香，其实不尽然。

◎ 栗的性味

栗属山毛榉科，落叶乔木，生于向阳、干燥的沙质土壤。其壳斗全面带刺，成熟后，壳斗裂开，散出果实。种子供食用，种子淀粉可食，其味甘性寒，有养胃健脾、补肾强筋的功用。《本草纲目》中指出："栗治肾虚，腰腿无力，能通肾益气，厚肠胃也。"由于栗子对辅助治疗肾虚有益，故又称"肾之果"。花、果壳、叶、树皮及根均可入药，消肿解毒。

花

【主治】治颈淋巴结核。

栗壳（即栗外黑壳）

【主治】煮汤喝，治反胃消渴，止泻血。

毛球（即栗外的刺苞）

【主治】煮汤，洗火丹毒肿。

栗（即栗内薄皮）

【气味】味甘，性平、涩，无毒。

【主治】捣散和蜜涂面，可祛皱纹，使脸光滑。

根

【主治】用酒煎服，治偏肾气。

栗楔（若苞内有三颗，其最扁即栗楔）

【主治】主筋骨风痛，活血尤其有效。每天生吃七颗，破胸胁和腹中结块。将其生嚼，还可拔恶刺，出箭头，敷颈淋巴结核肿痛。

皮

【主治】剥带刺的皮煎水洗，治丹毒五色无常。

银杏

【原文】 银杏叶如鸭脚，故名鸭脚子，雄者三棱，雌者二棱，园圃间植之，虽所出不足充用，然新绿时，叶最可爱，吴中诸刹，多有合抱者，扶疏乔挺，最称佳树。

【译文】 银杏树的叶子像鸭脚，所以又叫"鸭脚子"，雄树叶子为三棱形，雌树叶子为二棱形。园圃里种几棵，虽然所结果实不足食用，但春天长出的新叶，特别可爱。吴中的庙宇多有合抱粗的银杏，枝繁叶茂，苍翠挺拔，堪称佳树。

柿

【原文】 柿有七绝：一寿，二多阴，三无鸟巢，四

◎银杏的性味

　　银杏，又名"白果树""鸭脚树"，中国最古老的树种之一，自商、周时期已开始种植。其树木雄伟高大，树干虬曲，为理想的园林绿化、行道树种，是中国四大长寿观赏树种之一。

种 皮
【主治】 可用于治疗肺结核。

叶
【主治】 可用于治疗高血压及冠心病、心绞痛、脑血管痉挛、血清胆固醇过高等病症。

果 实
【气味】性平，味甘、苦、涩，有小毒。
【主治】 主治哮喘、痰嗽、梦遗、白带、白浊、小儿腹泻、虫积、肠风脏毒、淋病、小便频数，以及疥癣、漆疮、白癜风等病症。

无虫，五霜叶可爱，六嘉实，七落叶肥大。别有一种，名"灯柿"，小而无核，味更美。或谓柿接三次，则全无核，未知果否。

【译文】　柿子树有七大绝妙处：一是寿命长，二是喜阴，三是无鸟巢，四是无虫害，五是霜叶可爱，六是果实大而甜，七是落叶肥大。另有一种"灯柿"，果实小而无核，味更美。有种说法：结了三季果后的柿子都无核了，不知是否果真如此。

花红

【原文】　花红西北称柰，家以为脯，即今之婆果是也。生者较胜，不特味美，亦有清香。吴中称花红，一名林檎，又名来檎，似柰而小，花亦可观。

◎柿的性味

柿子的原产地是中国，我国的栽培历史已有一千多年。秋天时，黄澄澄的柿子尽情地炫耀自己的美丽，吸引着人们的眼球，让人垂涎欲滴。古诗云"秋入小城凉入骨，无人不道柿子熟。红颜未破馋涎落，油腻香甜世上无"，正是此情此景的写照。

根
【主治】　治血崩、血痢、便血。

蒂
【主治】　煮水服，治咳逆哕气。

白柿、柿霜
【气味】　味甘，性平、涩，无毒。
【主治】　补虚劳不足，消腹中瘀血，涩中厚肠，健脾胃气。能化痰止渴，治吐血，润心肺，疗慢性肺疾引起的心热咳嗽，润声喉，杀虫，温补。常吃可祛面斑。治反胃咯血，肛门闭急并便血，痔漏出血。柿霜可清心肺热，生津止渴，化痰平嗽，治咽喉口舌疮痛。

木皮
【主治】　治便血。晒焙后研成末，吃饭时服二钱。烧成灰，和油调敷，治烫火烧伤。

柿糕
【主治】　用糯米和干柿做成粉，蒸食，治小儿秋痢、便血。

烘柿（即熟柿）
【气味】　味甘，性寒、涩，无毒。
【主治】　主通耳鼻气，治肠胃不足，解酒毒，压胃间热，止口干。

果实

【气味】味甘、微酸,性凉。

【主治】主治中气不足,消化不良,气壅不通,轻度腹泻,便秘,烦热口渴,饮酒过度,高血压等。苹果与山药配伍,能益脾胃、助消化、止腹泻。煲汤加热后,能起到收敛、止泻的作用。

□ 花 红

花红又叫"林檎",中医认为它性平,味甘,具有补血益气、止渴生津和开胃健脾之功,对消化不良、食欲欠佳、胃部饱闷、气壅不通者,生吃或挤汁服之,可消食顺气,增加食欲。此外,林檎还有补脑、安眠养神、清除疲劳等作用。所以被古今中外誉为"保健之友"。

【译文】 花红在西北称为"奈",每家都把它做成果脯,也就是现在叫的苹婆果。生吃更好,不但味美,而且清香。吴中称为"花红",又叫"林檎""来檎",果子与奈相似,略小一点,花朵也好看。

菱

【原文】 两角为菱,四角为芰,吴中湖泖[1]及人家池沼皆种之。有青红二种:红者最早,名水红菱;稍迟而大者,曰雁来红。青者曰莺哥青;青而大者,曰馄饨菱,味最胜;最小者曰野菱。又有白沙角,皆秋来美味,堪与扁豆并荐。

【注释】〔1〕泖:水波平静。

【译文】 两角的是"菱",四角的是"芰",吴中湖泊及农家池塘都种的有。有青红二种:红色的成熟最早

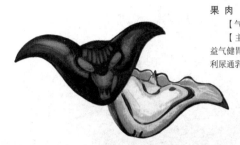

果肉

【气味】味甘，无毒。

【主治】有清暑解热、益气健胃、止消渴、解酒毒、利尿通乳、抗癌等功效。

□ 菱

　　菱为菱科一年生浮叶水生植物，果肉有清暑解热、益气健胃、止消渴、解酒毒、利尿通乳、抗癌等功效。常见种类有：四角菱（如馄饨菱、小白菱等）、两角菱（如扒菱、蝙蝠菱等）、无角菱（如南湖菱）。

　　的，名叫"水红菱"；成熟稍迟而个更大的，名叫"雁来红"；青色的叫"莺哥青"；色青而个大的，叫"馄饨菱"，味道最好；最小的叫"野菱"。还有"白沙角"，都是秋季美味，能与扁豆媲美。

芡

　　【原文】　芡花昼展宵合，至秋作房如鸡头，实藏其中，故俗名鸡豆。有粳、糯二种，有大如小龙眼者，味最佳，食之益人。若剥肉和糖，捣为糕糜，真味尽失。

　　【译文】　芡的花白天开放，夜里闭合，到秋天长成像鸡头的子房，种子就在其中，所以俗称"鸡豆"。有粳、糯二种，有如小龙眼一样大的，味道最佳，而且养人。如剥壳取肉和糖捣碎如泥，就完全失去本味了。

西瓜

　　【原文】　西瓜味甘，古人与沉李并埒，不仅蔬属而已。长夏消渴吻，最不可少，且能解暑毒。

　　【译文】　西瓜味甜，古人把它作为夏天的消暑佳

鸡头菜（即芡的嫩叶柄）

【气味】 味咸、甘，性平，无毒。

【主治】 主烦渴，除虚热，生熟都适宜。

实

【气味】 味甘、涩，性平，无毒。

【主治】 主治风湿性关节炎、腰背膝痛。补中益气，提神强志，令人耳聪目明。久服令人轻身不饥。还能开胃助气及补肾，治小便频繁、遗精、脓性白带等。

□ **芡**

芡为大型水生观叶植物，在中国式园林中，与荷花、睡莲、香蒲等配植水景，尤多野趣。芡的种子可供食用、酿酒，根、茎、叶、果均可入药，外壳可做染料，嫩叶柄和花柄剥去外皮可当菜吃。全草可做绿肥，煮熟后又可做饲料。

品。它不只是一般的果蔬，而是夏季最不可少的解渴消暑水果。

五加皮

【原文】 五加皮久服轻身明目，吴人于早春采取其芽，焙干点茶，清香特甚，味亦绝美，亦可作酒，服之延年。

【译文】 长期服用五加皮，可使人身轻目明，吴地人采摘早春嫩芽，焙干泡茶，清香浓郁，味道绝美；也可泡酒，常饮可延年益寿。

◎西瓜的性味

　　西瓜原为葫芦科的野生植物，后经人工培植才成为食用西瓜。其种植历史始于四千年前的埃及，后来北移，由地中海沿海岸传至欧洲，南下进入中东、印度等地。因西瓜由西域传入我国，故得"西瓜"之名。史书多有西瓜的传入记载，《农政全书》载："西瓜，种出西域，故之名。"西瓜的种植历史悠久，自"按胡娇于回纥得瓜种，名曰西瓜，则西瓜自五代时始入中国；今南北皆有"，便可得知。

瓜 皮

　　【主治】 烧研后口含，止咳和中。研后去油口服，可治月经过多。

子 仁

　　【主治】 能清肺润肠，止咳和中。研后去油口服，可治月经过多。

瓜 瓤

　　【气味】 味甜，性寒。

　　【主治】 解暑止渴，可治疗咽喉肿痛，利于小便；还可止血痢，解酒毒，含瓜汁可治口疮。

白扁豆

【原文】 扁豆纯白者味美，补脾入药，秋深篱落，当多种以供采食，干者亦须收数斛，以足一岁之需。

【译文】 纯白色的扁豆，不仅味美，而且有补脾功效。深秋时，应多种一些供采鲜豆食用，并且收贮一些干豆，供一年食用。

菌

【原文】 菌，雨后弥山遍野，春时尤盛，然蛰后虫蛇始出，有毒者最多，山中人自能辨之。秋菌味稍薄，以火焙干，可点茶，价亦贵。

【译文】 菌生于山林，雨后漫山遍野都有，春季更

根皮

【气味】味辛,性温,无毒。

【主治】治心腹疝气,腹痛,补中益气,可治疗行走不稳或小儿三岁
还不能走路;另可治疗疽疮阴浊,男子阴部潮湿不适、小便不沥;女人阴痒
及腰脊疼痛及两脚疼。补中益精,壮筋骨,增强意志。久服,使人轻身耐
老,祛除体内各种恶风及恶血,治四肢不遂、风邪伤人、软脚累腰,主治多
年瘀血积在皮肌、痹湿内不足,明目下气。治中风骨节挛急,补五劳七伤。
酿酒饮,也治风痹、四肢挛急。制成粉末浸酒饮,治眼部疾病。

□ 五加皮

五加皮为落叶小灌木细柱五加的根皮,按种类有南北五加皮之分。南五加
皮无毒,补肝肾、强筋骨作用较好;北五加皮有毒,有强心利尿之功,不宜
多用。

果实

【气味】味甘,性微
温,无毒。

【主味】主补养五脏,
止呕吐。长久服食,可使头
发不白。可解一切草木之
毒,生嚼吃和煮汁喝,都有
效。使人体内的风气通行,治
女子白带多。又可解酒毒、
河豚鱼之毒。可止痢疾,消
除暑热,温暖脾胃,除去湿
热,止消渴。

□ 扁豆

扁豆为一年生草本植物,种子是白色或紫黑色。嫩荚可作蔬菜,种子可入
药。扁豆一定要煮熟以后才能食用,否则可能会出现食物中毒。

多，但惊蛰后，虫蛇出没，就有一些毒菌了，山里人自然能分辨。秋菌的味道稍淡，可焙干泡茶，价格很贵。

瓠

【原文】 瓠类不一，诗人所取，抱瓮之余，采之烹之，亦山家一种佳味，第不可与肉食者道耳。

【译文】 瓠有不同用处，除用来汲水之外，诗人还采摘它的嫩果来煮食，这也是一种山野美味，当然，这是权势富豪们无法体味的。

◎瓠的性味

瓠即葫芦的别称。葫芦的吃法很多，元代王祯《农书》说："瓠之为用甚广，大者可煮作素羹，可和肉煮作荤羹，可蜜煎作果，可削条作干。"又说："瓠之为物也，累然而生，食之无穷，烹饪咸宜，最为佳蔬。"可见葫芦的食法多种多样，既可烧汤，又可做菜；既能腌渍，也能干晒。但不论是葫芦还是叶子，都要在嫩时食用，否则成熟后便失去了食用价值。

果 实
【气味】味甜，性平滑。
【主治】可消渴解热，除烦燥；利尿，可润心肺，治泌尿系结石。

花
【气味】味甘，性平，无毒。
【主治】解毒之药，可治疗各种瘘疮。

子
【主治】可治牙齿肿痛或齿摇疼痛，治疗时可用壶卢子八两和牛膝四两煎成汤剂，每服五钱，煎水含漱，每日三四次即可。

壳
【气味】味甘，性平，无毒。
【主治】消热解毒，润肺利便。

茄 子

【原文】 茄子一名落酥，又名昆仑紫瓜，种苋其傍，同浇灌之，茄、苋俱茂，新采者味绝美。蔡撙为吴兴守，斋前种白苋、紫茄，以为常膳，五马贵人，犹能如此，吾辈安可无此一种味也？

【译文】 茄子又叫"落酥""昆仑紫瓜"，与苋菜间种，同时浇灌，茄子、苋菜都会生长茂盛，新鲜茄子的味道绝美。蔡撙做吴兴太守时，屋前种白苋菜、紫茄子，作为日常食物。身居太守，尚能如此，我们怎能没有这样的美味呢？

◎茄子的性味

　　江浙人称茄子为"六蔬"，广东人称其为"矮瓜"。其果实可作蔬菜，颜色多为紫色或紫黑色。茄子最早产于印度，后传入中国；清朝末年，被引到日本。现主要在北半球种植。

蒂
　　【主治】茄蒂烧成灰，和入饭中饮服二钱，可治肠风下血不止及血痔。又可用于治口齿疮。将茄蒂生切后，可用来搽癜风。

根、枯茎叶
　　【主治】将根、茎叶煮成汤，浸泡对冻疮皲裂有效。还可散血消肿，治血淋下血、血痢、子宫脱垂、齿痛和口腔溃疡。

实
　　【气味】味甘，性寒，无毒。
　　【主治】治寒热，五脏劳损，及瘟病传尸劳气。也可用醋抹后敷毒肿。将老后裂开的茄烧成灰，可治乳裂。吃茄子，可散血止痛，消肿宽肠。

芋 子

【气味】味辛，性平、滑，有小毒。

【主治】宽肠胃，养肌肤，滑中。吃冷芋子，疗烦热，止渴。令人肥白，开胃，通肠闭。破瘀血，祛死肌。产妇吃芋头，破血；饮芋汤，止血渴。同鱼煮食，下气，调中补虚。

□ 芋 头

芋头别名"青芋""芋艿"，系多年生块茎植物。芋头营养丰富，既可作蔬菜，又可作粮食，能熟食、干制成粉。中医认为，芋头有开胃生津、消炎镇痛、补气益肾等功效，可治胃痛、痢疾、慢性肾炎等。

芋

【原文】古人以蹲鸱[1]起家，又云："园收芋、栗未全贫。"则御穷一策，芋为称首，所谓"煨得芋头熟，天子不如吾"，直以为南面之乐，其言诚过，然寒夜拥炉，此实真味，别名土芝，信不虚矣。

【注释】〔1〕蹲鸱（chī）：指芋夹。

【译文】古人以芋头立家，有俗话说："园收芋、栗未全贫。"维持生计的首要办法，就是多种芋头。所谓"煨得芋头熟，天子不如吾"，确实过于夸张，但寒夜围炉，其乐融融，倒是实在的。因此，芋头别名"土灵芝"，也名副其实。

茭 白

【原文】茭白[1]，古称雕胡，性尤宜水，逐年移

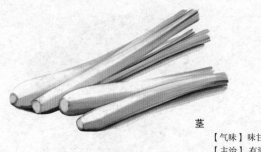

茎

【气味】味甘，性寒。

【主治】有清湿热、解毒、催乳汁等功效。

□ 茭白

茭白是植物"菰病变后"的产物，对人类无害而有益，是不可缺少的水生蔬菜之一。茭白含蛋白质、脂肪、糖类、微量胡萝卜素和矿物质等成分。

之，则心不黑，池塘中亦宜多植，以佐灌园所缺。

【注释】〔1〕茭白：多年生草本植物，生长在池沼里。嫩茎的基部经某种菌寄生后，膨大，可作蔬菜食用。

【译文】茭白，古时称为"雕胡"，尤其适合水生，逐年移植，茎就不会长黑点。池塘里应多种一些，以补充菜园缺少的品种。

山 药

【原文】山药本名薯药，出娄东岳王市者，大如臂，真不减天公掌〔1〕，定当取作常供。夏取其子，不堪食。至如香芋〔2〕、乌芋、凫茨之属，皆非佳品。乌芋即茨菇〔3〕，凫茨即地栗〔4〕。

【注释】〔1〕天公掌：山药的一种，扁形根。

〔2〕香芋：山药的一种，圆形根。

〔3〕茨菇：即慈姑。多年生草本植物，生长在水田里，球茎，黄白色或青白色，可食用。

〔4〕地栗：荸荠。

根

【气味】味甘，性平。

【主治】有预防心血管系统的脂肪沉积，防止血管粥样硬化，减少皮下脂肪沉积等功效。

□ 山 药

山药又叫"薯蓣""薯药""延章""玉延"等，被誉为补虚佳品，备受称赞。据现代药学分析，山药含有丰富的淀粉、蛋白质以及胆碱、黏液质等成分，最大的特点是能够供给人体大量的黏液蛋白质，对人体有特殊的保健作用。

【译文】 山药本名"薯药"，出自江苏太仓岳王市的山药，大如手臂，不亚于天公掌，可作日常菜蔬。夏季结种子，但不好吃。至于香芋、乌芋、凫茨之类，都不是佳品。乌芋就是茨菇，凫茨就是地栗。

萝卜 芜菁

【原文】 萝卜一名土酥，芜菁一名六利，皆佳味也。他如乌、白二菘〔1〕，莼、芹、薇、蕨之属，皆当命园丁多种，以供伊蒲〔2〕，第不可以此市利，为卖菜佣耳。

【注释】 〔1〕菘：白菜。

〔2〕伊蒲：吃斋饭。

【译文】 萝卜又叫"土酥"，芜菁又叫"六利"，都

根

【气味】味苦、辛、甘，性平，无毒。

【主治】主治食积不化、黄疸、消渴、热毒风肿、疔疮、乳痈。

□ **芜 菁**

芜菁别称"蔓菁""诸葛菜""大头菜""圆菜头""圆根""盘菜"等，为食用蔬菜，肥大的肉质根柔嫩、致密，可供炒食、煮食或腌渍用。

是上好的蔬菜。其他如瓢儿菜、小白菜两种白菜，莼菜、芹菜、薇菜、蕨菜之类，都应叫园丁多种一些作为斋日素食，但不可出卖赚钱，沦为卖菜人。

卷十二 · 香茗

　　香、茗之用，其利最溥。物外高隐，坐语道德，可以清心悦神；初阳薄暝，兴味萧骚，可以畅怀舒啸；晴窗拓帖，挥麈闲吟，篝灯夜读，可以远辟睡魔；青衣红袖，密语私谈，可以助情热意；坐雨闭窗，饭余散步，可以遣寂除烦；醉筵醒客，夜雨蓬窗，长啸空楼，冰弦戛止，可以佐欢解渴。品之最优者，以沉香、岕茶为首，第焚煮有法，必贞夫韵上，乃能究心耳。

【原文】香、茗之用，其利最溥^{〔1〕}。物外高隐，坐语道德，可以清心悦神；初阳薄暝^{〔2〕}，兴味萧骚，可以畅怀舒啸；晴窗拓帖^{〔3〕}，挥麈闲吟，篝灯^{〔4〕}夜读，可以远辟睡魔；青衣红袖，密语私谈，可以助情热意；坐雨闭窗，饭余散步，可以遣寂除烦；醉筵醒客，夜雨蓬窗，长啸空楼，冰弦^{〔5〕}戛指^{〔6〕}，可以佐欢解渴。品之最优者，以沉香、岕茶^{〔7〕}为首，第焚煮有法，必贞夫^{〔8〕}韵士^{〔9〕}，乃能究心耳。志《香茗第十二》。

【注释】〔1〕溥（pǔ）：大。

〔2〕初阳薄暝：晨曦薄暮。

〔3〕拓帖：摹拓古碑帖。

〔4〕篝灯：置灯于笼中。

〔5〕冰弦：琴弦。

〔6〕戛（jiá）指：用手弹。

〔7〕岕（jiè）茶：产于浙江省长兴县境内的罗岕山，为茶中上品。

〔8〕贞夫：守正之人。

〔9〕韵士：风雅之士。

【译文】饮茶品茗，益处多多，隐逸山林，谈玄论道之余，可以清心怡神；晨曦薄暮，心生惆怅之际，可以舒解心气，通畅胸怀；临帖摹写，闭目吟诵，挑灯夜读之时，可以去除睡意；女子之间，密语私谈之际，可以浓密情谊；雨天闷坐，饭后散步之时，可以排遣寂寥烦闷；宴饮宾客，酒楼歌肆，弹琴唱和，可以解渴尽欢。品质最优的，首推沉香、岕茶，但要焚煮得法，只有真正的君子雅士，才能领悟其中奥妙。

伽 南

【原文】一名奇蓝，又名琪楠，有糖结、金丝二种：糖结，面黑若漆，坚若玉，锯开，上有油若糖者，最贵；金丝，色黄，上有线若金者，次之。此香不可焚，焚之微

◎伽南香辨识

伽南，又名"琼脂""奇楠"等，是沉香中的极品。自古以来，人们都以越南所产伽南为上品，但产量稀少，价格昂贵。

质 地

伽南较柔软，有粘韧性，用刀切片时会感觉非常柔滑，碎屑甚至能捻捏成丸。

成 因

伽南大多来自于热带原始森林沼泽地中，其成因与普通沉香基本相同，但只有极少数沉香树死后会留下伽南。

香 味

伽南正常状态下也能散发出清凉香甜的气味；熏烧时伽南的头香、本香和尾香会有较为明显的变化。

沉 水

大多上等伽南香入水后呈半浮状。

油 印

伽南比普通沉香含油量高，因此上品伽南几乎看不见毛孔；其分泌出的油脂用指甲划过，可以留下痕迹。

色 纹

原木外形呈土褐色，有凹槽，表皮有黑色木皮，心材呈黑、黄、青等几种颜色；在放大镜下可见孔状纹理，切面交错有发丝般细致的纹理。

贮 藏

平时用锡盒贮存，盒子分为二格，下层放蜂蜜，上层搁香，隔板钻若干如龙眼大小的孔，使蜂蜜气味上通，香就经久而不干枯。

有膻气。大者有重十五六斤，以雕盘承之，满室皆香，真为奇物。小者以制扇坠、数珠，夏月佩之，可以辟秽，居常以锡盒盛蜜养之。盒分二格，下格置蜜，上格穿数孔，如龙眼大，置香使蜜气上通，则经久不枯。沉水等香亦然。

【译文】 伽南又叫"奇蓝""琪楠"。分"糖结""金丝"两种：糖结最贵重，表面漆黑，坚硬如玉，锯开后，里面有像饴糖一样的油脂；金丝稍次，表面为黄色，上面有金色的丝纹。伽南香不要焚烧，燃烧时有一点膻味。大的，有十五六斤，放在大盘上，满屋生香；小的，做成扇坠、佛珠，夏日使用，可以去除异味。平时用锡盒贮存，盒子分为两格，下层放蜂蜜，上层搁香，隔板钻若干如龙眼大小的孔，使蜂蜜气味上通，香就经久而不干枯。沉香等香药都是这样贮存的。

龙涎香

【原文】 苏门答剌国有龙涎屿，群龙交卧其上，遗沫入水，取以为香；浮水为上，渗沙者次之。鱼食腹中，刺出如斗者，又次之，彼国亦甚珍贵。

【译文】 印度尼西亚苏门答腊的龙涎屿有许多龙（实为抹香鲸）。将它们吐出的分泌物收集起来制成香，就是龙涎香。浮在水面的龙涎制成的香，品质最优；夹杂有沙的，稍次；鱼吸入腹中后喷出的，又差一些。龙涎香在苏门答腊也很珍贵。

◎龙涎香香方

智月龙涎香

沉香一两，麝香一钱，研成粉末；米脑一钱半，金颜香半钱，丁香一钱，木香半钱，苏合油一钱，白芨末一钱半。将以上原料研成细末，用皂荚胶调和。加入臼中，捣千余下，用花模印制，放入地窖中阴干，用新刷子刷出光。慢火烧香，用玉片衬隔。

王将明太宰龙涎香

金颜香一两，单独研磨；石脂一两，研成粉末，必须要西部出产的，食用时使人口生津唾的才是；龙脑半钱，要选用生龙脑；沉香、檀香各一两半，研成粉末，用水磨细，再研磨；麝香半钱，选用最好的。

将以上原料研成粉末，用皂荚膏调和，倒入模子，脱制成花样，阴干，焚烧使用。

内府龙涎香

沉香、檀香、乳香、丁香、甘松、零陵香、丁香皮、白芷等香料，各取相等分量；龙脑、麝香，各少许。

将以上原料，研成细末，用热水将雪梨糕调化，加入香末，揉成小团，用花模印制，照寻常之法焚烧使用。

亚里木吃兰脾龙涎香

蜡沉二两，用蔷薇水浸渍一夜，研成细末；龙脑二钱，单独研磨；龙涎香半钱。将以上原料一同研成粉末，加沉香泥，捏制成香饼，窖藏阴干，焚烧使用。

白龙涎香

檀香一两，乳香五钱。将以上原料，用寒水石四两加热，一并制成细末，用梨汁调和，制成香饼。

◎龙涎香辨识

龙涎香又叫"灰琥珀"，是抹香鲸的分泌物，是未能消化的鱿鱼、章鱼的喙骨在肠道内与分泌物混合结成的固体后被抹香鲸吐出。龙涎香性温，味甘、酸；有行气活血、散结止痛、理气化痰的功效，可治疗咳喘气逆、神昏气闷及心腹的各种痛等。

加 工

将浮于海面的抹香鲸肠内分泌物捞起干燥；或将捕获的抹香鲸杀死，收集肠中分泌物，经干燥后，即成蜡状的硬块。

性 状

呈不透明的蜡状胶块。色黑褐如琥珀，有时有五彩斑纹。质脆而轻，嚼之如蜡，能粘牙。气微腥，味带甘酸，性凉。

形 态

外貌呈阴灰或黑色的固态蜡状可燃物质。

产 地

分布于太平洋、南太平洋各岛屿，古时多产于印度尼西亚群岛周围。

功 用

常用于香料，是最贵重的香料之一，其价格堪比黄金。也可药用，在医药功效上可行气活血、散结止痛、理气化痰，适用于治疗咳喘、心腹疼痛等。

沉 香

【原文】 质重，劈开如墨色者佳，沉取沉水然，好速亦能沉。以隔火炙过，取焦者别置一器，焚以熏衣被。曾见世庙有水磨雕刻龙凤者，大二寸许，盖醮坛中物，此仅可供玩。

【译文】 沉香质地沉重，剖开后内中颜色像墨一样黑的，才是佳品，且能够沉于水，因为好的速香也能沉水。隔火烘烤，将烤焦的另放一处，用来熏衣被。曾见明嘉靖年制水磨雕刻龙凤图样的沉香，大约二寸，是道士祈祷的用品，只能供作玩赏。

◎沉香辨识

优质沉香为不规则的块、片状，或盔帽状，有的甚至是小碎块。其表面往往凹凸不平，有刀痕，偶尔会有孔洞，可见黑褐色树脂与黄白色木质相间的斑纹，孔洞和凹窝表面大多会是朽木状。质较坚实，气芳香，但味苦。

形态特征

树似榉柳，树皮呈青色；叶似橘叶，四季常青。夏季开花，花白而圆；秋季结果似槟榔，大如桑葚，色紫而味辛。

产 地

沉香主要产于印度尼西亚、越南、泰国、柬埔寨、马来西亚以及巴布亚新几内亚等国。

成 因

真菌侵入受损的沉香树干并寄生于内，在菌体的作用下，形成香脂，并使原本疏松的木质变硬。此后树体因输送养分的组织受到阻断而停止生长，树倒地后经多年沉积，在树种、菌种及其他因素影响下产生香味。

种 植

沉香树喜酸性土壤，以红土最好，黄土次之，沙土最差，应选择海拔千米以内避风向阳的缓坡、丘陵进行种植。树苗要经常淋水，保持土壤湿润；树苗成龄后要常除草，多施有机肥，还要适时剪枝。

性 状

性微温，无毒。呈不规则的块、片或盔帽状、圆柱形；表面凹凸不平，有刀削痕，可见黑色与黄色交错的纹理；断面刺状，质较坚实。

香 味

多数沉香在常态下几乎闻不到香味，而熏烧时却香气浓郁，留香时间也甚长。因沉香树品种、产地、气候、水质及土壤等不同而产生不同的香味。产于印度、马来西亚、新加坡的新州香，质量上乘，燃之香味清幽，并能持久；产于越南的会安香，质量稍次，略带甜味，但不能持久；同为越南所产的奇楠为沉香中的上品，即使在常态下也会散发出清凉香甜的气息。

沉香成品

加 工

用半圆形刀口的小刀剔除不含树脂的白色疏松木质，只留下黑色坚硬木质；再加工成片状、块状或粉末状，然后阴干。

收 藏

沉香成品，应在阴凉干燥处密封储藏，忌高温、潮湿。沉香不惧水，但不能用碱性洗涤用品清洗，否则沉香表面的沉香油会因化学反应而被清洗掉。佩藏在身上的沉香饰品，有时因形成包浆而使香味变淡，因此，晚上睡觉时可将其置于枕下，或用塑料袋密封一段时间，即可恢复原有香味。

片速香

【原文】 俗名鲫鱼片，雉鸡斑者佳，以重实为美，价不甚贵，有伪为者，当辨。

【译文】 片速香，俗名"鲫鱼片"，有野鸡斑纹，密实沉重的就是佳品，价格也不很贵。片速香有假货，要注意鉴别。

唵叭香

【原文】 唵叭香腻甚，着衣袂，可经日不散，然不宜独用，当同沉水共焚之，一名黑香。以软净色明，手指可捻为丸者为妙。都中有唵叭饼，别以他香和之，不甚佳。

【译文】 唵叭香香气很浓，藏在衣袖里，香气多日不散，但不宜单用，应同沉香一起用，它又叫"黑香"。唵叭香以颜色明亮，质地松软，能用手指捻成丸子的为好。京都有"唵叭饼"，是与其他香料混合而成的，不太好。

角 香

【原文】 俗名牙香，以面有黑烂色，黄纹直透者为黄熟，纯白不烘焙者为生香，此皆常用之物，当觅佳者。但既不用隔火，亦须轻置炉中，庶香气微出，不作烟火气。

【译文】 角香，俗名"牙香"，表面有黑烂色、黄纹直透的是"黄熟"，没有烘焙过颜色纯白的是"生香"，这些都是常用的，应搜寻一些佳品。角香不用隔火烘烤，但须轻放炉中，才会慢慢散发香气，没有烟火味。

甜 香

【原文】 宣德年制，清远味幽可爱，黑坛如漆；白底上有烧造年月，有锡罩盖罐子者，绝佳。芙蓉、梅花，皆其遗制，近京师制者亦佳。

【译文】 甜香，宣德年制品，清香悠远，黑坛如漆；白底上有烧制年月，有锡封罐装的，绝佳。"芙蓉""梅花"都是过去的品种，近年，京师制造的，也很好。

黄、黑香饼

【原文】 黄、黑香饼恭顺侯家所造，大如钱者，妙甚；香肆所制小者，及印各色花巧者，皆可用，然非幽斋所宜，宜以置闺阁。

【译文】 黄、黑香饼是恭顺侯家制造，如铜钱大小的最好；市场出售的小香饼以及印有各种花样的，都可以用，但不宜书斋用，适合闺阁用。

安息香

【原文】 都中有数种，总名安息，月麟、聚仙、沉速为上。沉速有双料者，极佳。内府别有龙挂香，倒挂焚

◎黄、黑香饼的制作方法

黄香饼

沉速香六两，檀香三两，丁香一两，木香一两，乳香二两，金颜香一两，唵叭香三两，郎苔五钱，苏合油二两，麝香三钱，龙脑一钱，白芨末八两，炼蜜四两。以上香料调和成剂，即可印制成黄香饼。

黑香饼

用料四十两，加入炭末一斤，蜜四斤，苏合油六两，麝香一两，白芨半斤，榄油四斤，唵叭四两。

先将蜂蜜炼熟，下入榄油，化开，再下入唵叭。继而下入一半原料，将白芨打成糊，加入炭末，再下入一半原料，然后加入苏合、麝香，揉匀，印制成香饼。并制成细末，用梨汁调和，制成香饼。

◎安息香辨识

真正的安息香，焚烧时能聚集老鼠，其香烟为白色，如缕直上，在空中不易散去。焚香时，将厚纸覆盖在上面，香烟能透过纸散出的，是真正的安息香；否则，就是伪造的。

形状特征

乔木，树皮绿棕色，花萼和花瓣外面有银白色丝状毛，肉里棕红色；果实为扁球形，灰棕色。野生或栽种于稻田边。

功 用

可用于制作香料或作为开窍、辟秽、行气活血的药材。

加 工

树干径自然损伤，或两季在夏秋刀割，收集流出的树脂，阴干。

产 地

安息香主要产于泰国和苏门答腊。我国主要从泰国进口，有水安息、旱安息、白胶香等种。

成 品

为不规则小块，稍扁平，常粘结成块。表面橙黄色，自然出脂的蜡样光泽；人工割脂则为不规则圆柱状，表面灰白至浅黄色白。气芳香，味微辛，嚼后有沙粒感。

之，其架甚可玩，若兰香，万春，百花等，皆不堪用。

【译文】 安息香有很多种，统称安息香，其中"月麟""聚仙""沉速"几种最好。沉速有双料的，极好。内府专有龙挂香，倒挂着焚烧，挂香的架子很可爱，"若兰香""万春""百花"等品种，都不可用。

暖阁 芸香

【原文】 暖阁，有黄黑二种。芸香，短束出周府[1]者佳，然仅以备种类，不堪用也。

【注释】 〔1〕周府：朱元璋第五子的王府。其洪武三年封吴王，十一年改封周王，王府在开封。

◎固体香式样

原态的香材，往往不便于直接使用，因此都是经过处理后，磨成细粉，再和入其他附着剂制成线、盘、丸等多种形态后再使用。

印香

又名"篆香"，唐宋时即已流行，香粉呈回环萦绕状，如连笔的篆书文字，点燃后可迅速燃尽，常用印香模——篆香模框出范，然后印压而成。

盘香

回环盘旋布置，呈螺旋形。香条由内向外依次围绕成若干圆圈形成同心环状，设置有木质助燃颗粒，有较好的空气导流和续燃层。

塔香

造型如塔，使用时以支架托起或悬挂于空中。

香丸

用香泥制成的呈小球圆团状的固体香料。

香锥

为圆锥形的固体香料。

签香

呈直线形，由两部分构成。主体部分由香泥制成，末端用竹、木等材料做香芯，根据材料不同，竹制的称为"竹签香""篾香"。

产 地

主要分布于中国西南区的云南和四川，陕西和甘肃南部也有少量分布。

采 集

夏末秋初割取地上部分，晒干或晾干。

功 用

芸香草是一种香料植物，可提炼芳香精油，还可作为牧草。其还是一种重要的药材，可清热解毒解暑、芳香健胃，能治咽喉哑痛、中暑、疮毒溃烂等症。芸香能防蛀，大型图书馆仍多用芸草来保护珍贵的典籍。

香 味

芸香草有特殊的芸香味，久嗅有闷人感。

形 态

芸香多丛生，秆较细弱，节部膨大，叶片呈舌形，两面均无毛；穗轴节间长约3毫米；无柄小穗呈长圆状披针形，基盘上有白色短毛；芒从齿间伸出，内稃缺如。

性 状

干燥全草呈灰绿或棕黄色，茎细弱无毛，长40～110厘米，质脆易断，气香而特异，久嗅有闷人感。味辛辣，性凉，嚼之有麻凉感。

□ 芸香

别名"臭草""香草""芸香草"，多年生灌木或草本植物。著名的天一阁藏书楼，图书号称"无蛀书"，据说就是因每本书都夹有芸草之故。因芸香与书结缘，与芸草有关的其他东西，也就成了与书卷相关的称呼，如古代的校书郎，就有个很好听的名称——芸香吏。因书室中常备有芸草，书斋就有了"芸窗""芸署""芸省"等说法。

【译文】 "暖阁"，有黄、黑二种。"芸香""短束"出自周王府的更好，但只为使品种齐全而配备，不能使用。

苍 术

【原文】 苍术，岁时及梅雨郁蒸，当间一焚之，出句容茅山，细梗更佳，真者亦艰得。

【译文】 苍术在年末及梅雨季节时，应时常焚烧，出自句容县茅山的细梗最好，但真品难得。

◎苍术可制作的合香

清秽香

此香能解秽辟恶。苍术八两，速香十两。将以上原料研成粉末，加入柏泥、白芨，制成香。另一香方中记载，须加入麝香少许。

远湿香

苍术十两，茅山出产的最好；龙鳞香四两；芸香一两，白净的为好；藿香净末四两，金颜香四两，柏子净末八两。分别研成粉末，用酒调和，加入白芨末制成糊；或用模子制成香饼，或制成长条。这种香品质燥烈，最适合在霉雨溽湿之时焚烧。

清真香

此香能清洁宅宇，辟诸恶秽。金沙降、安息香、甘香各六钱，速香、苍术各二两，焰硝一钱。将以上原料，于甲子日调制，碾成细末，兑入柏泥、白芨造香，放干。择选黄道吉日焚用。

蝴蝶香

春月花园之中，焚熏此香，蝴蝶自然飞来。檀香、甘松、玄参、大黄（用酒浸过）、金沙降、乳香各一两，苍术二钱半，丁香三钱。将以上原料研成粉末，用炼蜜调和成剂，制成香饼，焚烧使用。

茶 品

【原文】 古今论茶事者，无虑数十家，若鸿渐之经[1]，君谟之录[2]，可谓尽善，然其时法用熟碾为丸为挺[3]，故所称有龙凤团，小龙团，密云龙，瑞云翔龙，至宣和间，始以茶色白者为贵。漕臣郑可简始创为银丝冰芽，以茶剔叶取心，清泉渍之，去龙脑诸香，惟新胯小龙蜿蜒其上，称龙团胜雪，当时以为不更之法，而吾朝所尚又不同，其烹试之法，亦与前人异，然简便异常，天趣悉备，可谓尽茶之真味矣。至于洗茶，候汤，择器，皆各有法，宁特侈言乌府[4]，云屯[5]，苦节[6]，建城[7]等目而已哉？

【注释】 〔1〕经：即《茶经》，唐代陆羽著。陆羽，字鸿渐，自号桑苎翁，又号东冈子，以嗜茶著名，有"茶圣"之称。《茶经》共三卷，对茶的性状、品质、产地、制作、烹煮、品饮方法及用具选择等都作了详细记述，是我国第一部论茶专著。

〔2〕录：即《茶录》，宋代蔡襄著。

〔3〕挺：条形。

〔4〕乌府：放置炭的篮子。

〔5〕云屯：杯子。

〔6〕苦节：竹制风炉。

〔7〕建城：储茶罐。

【译文】 古人论述茶道的，不假思索就可数出几十家，陆羽的《茶经》，蔡襄的《茶录》，可以说论述相当详尽。但当时制茶是用熟碾法制成团、条形，所以称为"龙凤团""小龙团""密云龙""瑞云翔龙"，到宣和年间，就开始以茶有白霜为贵。宋代主管漕运的官吏郑可简始创"银丝冰芽"，专取茶心嫩芽，用泉水漂洗，去除龙脑等异味而制成，用刻有蜿蜒小龙的模具压制而成的，称为"龙团胜雪"。这是当时不可更改的制茶法。明代通行的制法则不同，烹煮方法也与前人不同，但非常简便，又不失自然本色，可说是完全体现了茶的本味。至于洗茶、沏茶水温、茶具选择，都各有一定规则和方法，不仅仅是奢谈装炭的篮子、盛水的缸子、斑竹风炉、贮茶竹筒等条目而已。

虎丘　天池

【原文】 虎丘，最号精绝，为天下冠，惜不多产，又为官司所据，寂寞山家，得一壶两壶，便为奇品，然其味实亚于岕。天池〔1〕，出龙池一带者佳，出南山〔2〕一带者最早，微带草气。

【注释】 〔1〕天池：天池茶，产自苏州天池山。
〔2〕南山：龙池、南山，均为苏州地名。

【译文】 虎丘茶，名冠天下，可惜产量不多，又被官方垄断，山居雅士，能得一二壶，便觉十分稀奇。其实此茶味道不及岕茶。天池茶产自龙池一带的很好，产自南山一带的微带草青味。

岕

【原文】 浙之长兴者佳，价亦甚高，今所最重；荆溪稍下。采茶不必太细，细则芽初萌，而味欠足；不必太青，青则茶已老，而味欠嫩。惟成梗蒂，叶绿色而圆厚者为上。不宜以日晒，炭火焙过，扇冷，以箬叶衬罂贮高处，盖茶最喜温燥，而忌冷湿也。

【译文】 岕茶，产自浙江长兴的，最好，价格也很高，今世最看重；产自宜兴荆溪的，稍微差一点。采茶不必太嫩，刚发的嫩芽茶味不足；也不必太青，太青则茶已老，茶味过烈。只有梗蒂刚成，叶子翠绿而厚圆的，最好。不宜日晒，炭火烘焙后扇冷，用箬竹叶包裹后装入小口瓶存放高处，因为茶叶适宜干燥，忌讳潮湿。

六 安

【原文】 宜入药品，但不善炒，不能发香而味苦，茶之本性实佳。

【译文】 安徽六安出产的茶适合入药。六安茶因制焙不好，不香而味苦，但茶的本味很好。

松 萝

【原文】 十数亩外，皆非真松萝茶，山中仅有一二家炒法甚精，近有山僧手焙者，更妙。真者在洞山之下，天池之上，新安人最重之；南都、曲中〔1〕亦尚此，以易于烹煮，且香烈故耳。

【注释】 〔1〕曲中：指妓院。

采 摘

多在清明后、谷雨前采摘，较其他高级茶推迟半月以上，高山地区则推迟更久。

六安片茶

色 泽

原色为黛绿泛微黄色，汤色清澈晶亮。

外 形

成品叶缘向背面翻卷，呈瓜子形，大小均整。开水沏泡，形如莲花。

气 味

茶味香气清高，味甘鲜醇，尤其以二道茶的香味最好，浓郁清香，可清心明目，提神消乏。

□ 六安茶制艺

六安片茶的制作须经采摘、扳片、炒制、烘焙工序，技术独到，品质也独具一格。采片时以开面上端一芽三叶或四叶为宜。摘片时，先摘下第三叶，再摘下第二叶，然后摘第一叶，最后将芽连同上部嫩梗与下部的粗枝或第四叶拆开。炒制技术关键在于把叶片炒开。在炒至萎凋状态时，叶片柔软后，及时出锅进行烘干。每次烘叶量仅二三两，待烘至色泽翠绿均匀，白毫显露，茶香充分发挥时趁热装入容器密封贮存。

【译文】 安徽松萝方圆十几亩外，都不是真松萝茶，山中仅有一二家的炒法精湛，近年有一个山僧炒制的，更好。真品松萝茶的品质在洞山茶之下、天池茶之上，新安人最喜爱；南京官妓坊也很时兴，因它易于煎煮，而且香味浓烈。

气 味

香气高爽，滋味浓厚，有橄榄香味。初喝时，微涩，但仔细品尝后甘甜醇和。

外 形

叶片肥厚，芽叶壮实，呈条索紧卷的形状。

品 类

属于绿茶种类。

松 萝

显著特点

色重、香重、味重。

汤的色泽

色泽浓绿柔嫩，汤色绿明，叶底绿嫩。

采摘时间

松萝茶多在谷雨前后开园采摘。

□ 松萝茶制艺

采摘时要求采一芽二三叶，采回新叶后要验收，不可夹带老片、梗等。炒茶时需一人在旁边扇，以去热气，避免色香味减退。热气退后再用手揉之，弄散入铛后，用文火炒干入焙。

龙井　天目

【原文】 山中早寒，冬来多雪，故茶之萌芽较晚，采焙得法，亦可与天池并。

【译文】 龙井茶、天目茶，因产地山高天寒，冬季多雪，所以茶树发芽较晚，但采摘、焙制得法，也可与天池茶比美。

洗 茶

【原文】 先以滚汤候少温洗茶，去其尘垢，以定碗盛之，俟冷点茶，则香气自发。

【译文】 先用稍冷的沸水洗去茶叶杂质，放入定瓷茶碗，待稍冷后再沏茶，香气四溢。

候 汤

【原文】 水，缓火炙，活火煎。活火，谓炭火之有焰者，始如鱼目为一沸，缘边泉涌为二沸，奔涛溅沫为三沸，若薪火方交，水釜才炽，急取旋倾，水气未消，谓之嫩。若水逾十沸，汤已失性，谓之老，皆不能发茶香。

【译文】 饮茶用水有讲究，缓火用于烤，活火用于煎，活火就是冒着火苗的火。水烧到开始冒小水泡，是"一沸"；缘边都如泉涌时，是"二沸"；满锅翻腾飞溅，是"三沸"。如火力刚到，水锅刚热，就立即倒出，水气未消，称为"嫩水"；如已经十沸，沸水就失性，称为"老水"，这样的沸水都不能沏出茶的香味。

涤 器

【原文】 茶瓶、茶盏不洁，皆损茶味，须先时涤器，净布拭之，以备用。

【译文】 茶瓶、茶杯不洁，都会破坏茶味，因此要先洗涤茶具，用洁净的布擦干，备用。

茶 洗

【原文】 茶洗以砂为之，制如碗式，上下二层。上层底穿数孔，用洗茶，沙垢皆从孔中流出，最便。

【译文】 茶洗用砂器制成，样子像碗，有上下两层，上层底部有若干小孔，洗茶时，沙子杂质就从小孔流出，方便实用。

茶炉 汤瓶

【原文】 茶炉，有姜铸铜饕餮兽面火炉，及纯素者，有铜铸如鼎彝者，皆可用。汤瓶，铅者为上，锡者次之，铜者亦可用；形如竹筒者，既不漏火，又易点注；磁瓶虽不夺汤气，然不适用，亦不雅观。

【译文】 茶炉，有姜铸铜的饕餮兽面和素面火炉，有如鼎彝的铜铸火炉，都可用。烧水壶，铅制的最好，锡制的稍次，铜制的也可以，形状像竹筒的，既不漏火，又便于灌水；瓷壶虽不伤水味，但不适用，也不雅观。

茶壶 茶盏

【原文】 茶壶以砂者为上，盖既不夺香，又无熟汤气，供春最贵，第形不雅，亦无差小者，时大彬所制又太小，若得受水半升，而形制古洁者，取以注茶，更为适用。其提梁，卧瓜，双桃，扇面，八棱细花，夹锡茶替，青花白地诸俗式者，俱不可用。锡壶有赵良璧者亦佳，然宜冬月间用。近时吴中归锡，嘉禾黄锡，价皆最高，然制小而俗，金银俱不入品。

◎古代茶具式样

茶具，古称"茶器"或"茗器"，最早出现于西汉《僮约》中的"烹茶尽具，酺已盖藏"。我国茶具种类繁多、造型优美，兼具实用价值与审美价值。常见的有茶杯、茶壶、茶碗、茶盏、茶碟、茶盘等用具，还有调味茶具和风炉等。

● 调味茶具

中国茶文化具有时代特色。唐代茶文化是以僧人、道士、文人为主体，时人陆羽所著《茶经》有着茶学、茶艺、茶道思想，是一个划时代的标志。《茶经》载："初沸，则水合量，调之以盐味，调弃其啜余，无乃而钟其一味乎？"这里记载了唐代煎茶时待水初沸，须放适量的盐调味，因此就出现了放置盐的器具。唐代以前在茶汤中用盐等作料调味比较多见，但唐以后就较少了。

① 台 盘

与盖相配合，用于存放食盐。

② 三足架

与台盘焊接，起支撑作用。支架以银管盘曲而成，中间斜出四枝，枝头有两花蕾、两摩羯，整体造型如平展的莲蓬莲叶。

③ 提 手

提手位于盖子顶部，莲蕾状造型，中空。此中空的提手，多放置胡椒粉。下部有铰链，可开合为上下两半，并与盖相连。

④ 盖

盖为卷荷形，外壁饰有一周团花以及四尾摩羯。

摩羯纹蕾纽三足盐台

彩釉花卉方形壶　清代　　青花釉里红网纹桃钮茶壶　清代　　耀州青釉茶盏　唐代　　蟠桃形紫砂杯　明代

●风 炉

风炉为古代煮茶时所用的炭炉，煎茶时需先用炉煮水。有关风炉的记载，陆羽曾在《茶经》中写道："风炉，以铜铁铸之，如古鼎形……其炉，或锻铁为之，或运泥为之。"此风炉为宫廷御用茶具，在用材及制作工艺上都很讲究，为民间风炉所无法比拟。

① 炉 盖

盖面为半球形，上部镂空，其下有两层仰莲瓣，盖沿处有渐收的三层棱台。

② 提 耳

两个提耳对称置于炉身两侧，便于移动。

③ 壶 门

此炉身有六个壶门，用于通风发火。

④ 炉 身

炉身造型为桶状、敛口、深腹、平底，口沿处为三层渐收的棱台。

⑤ 铆 接

炉底与炉壁铆接，下部焊有十字铜片，用以承托木炭，供燃烧生火。

壶门高圈足座银风炉 唐代

（通高56cm，盖高31.3cm，口径17.7cm，炉身高25.2cm）

●审安老人茶具图

宋代审安老人的《茶具图赞》是中国第一部茶具图谱，全书描绘了常用的十二种茶具，并冠之以官职及赞语，形象生动地描述出这些茶具的材质、形制，其赞语蕴涵哲理，赋予茶具的文化内涵反映出待人接物、为人处世之理。

陶宝文（茶盏）

罗枢密（茶罗）

漆雕秘阁（茶盏托）

金法曹（茶碾）

宗从事（茶帚）

胡员外（茶瓢）

竺副帅（茶筅）

司职方（茶巾）

韦鸿胪（茶炉）

石转运（茶磨）

木待制（茶臼）

汤提点（汤瓶）

宣庙有尖足茶盏，料精式雅，质厚难冷，洁白如玉，可试茶色，盏中第一。世庙有坛盏，中有茶汤果酒，后有"金篆大醮坛用"等字者，亦佳。他如白定^[1]等窑，藏为玩器，不宜日用。盖点茶须燲盏^[2]令热，则茶面聚乳，旧窑器燲热则易损，不可不知。又有一种名崔公窑，差大，可置果实，果亦仅可用榛、松、新笋、鸡豆、莲实、不夺香味者；他如柑、橙、茉莉、木樨^[3]之类，断不可用。

【注释】〔1〕白定：定窑白瓷。

〔2〕燲（xié）盏：加热茶盏。燲，烤。

〔3〕木樨：桂花。

【译文】 茶壶以砂质的最好，它既不夺茶香，又无熟水味。宜兴的"供春"砂壶最好，只是形状不雅致，也没有稍小的，时大彬所制砂壶又太小。如有能盛水半升，形制又古洁的砂壶，用以沏茶，更为适用。其他如"提梁""卧瓜""双桃""扇面""八棱细花""夹锡茶替""青花白地"等俗式，都不可用。锡壶有赵良璧制造的，也很好，但只适合冬季用。

近来苏州归懋德所制锡壶，嘉兴黄元吉所制锡壶，价格都很高，但形制小而俗，金银制品都不入品。嘉靖年制的祭坛杯盏，其中有"金篆大醮坛用"字样的茶具，也很好。其他如定窑白瓷等瓷器，可作玩器收藏，不宜日用。因为沏茶时，瓷器受热而使茶面浮起泡沫，古瓷器受热就容易裂损，这些特性不可不了解。还有一种名叫"崔公窑"的瓷器，稍大一些，可盛果品，但也仅可盛榛子、松子、嫩竹笋、芡实、莲子等不夺茶香的果品，其他如柑、橙、茉莉、木樨之类，绝不可用。

择 炭

【原文】 汤最恶烟，非炭不可，落叶、竹筱、树梢、

松子之类，虽为雅谈，实不可用；又如暴炭，膏薪，浓烟
蔽室，更为茶魔。炭以长兴茶山出者，名金炭，大小最适
用，以麸火引之，可称汤友。

【译文】 沏茶的水最怕烟味，必须用炭火烧煮，落
叶、竹枝、树梢、松子之类，虽然古雅，但不实用；暴
炭、湿柴燃烧时，浓烟满屋，更不可用。长兴茶山出产的
"金炭"，大小适中，最为适用，用麸炭引燃，可称为烧
开水的"良友"。

◎制茶

中国茶文化历史悠久，茶录典籍繁多，其中既涉及各地茶叶品类及历史，又包含古代制茶方法。古代制茶历史可追溯到野生茶树，从最初的生煮羹饮，到后来的饼茶、散茶，其间经历了各种变化。因茶叶的品质不同，故在制茶方式上亦有不同。外加工和制茶技艺对茶的成品质量至关重要，因此在各个工序中都须注意其要点。以下为古代制茶过程中的常见工序，虽不是任何一种茶叶都如此，但重要工序都包含在内。

① 猴子采茶

每种茶叶采摘时间不同，采摘方法可为手采、割采、机采。茶农中常有让猴子攀到山崖上采取珍贵岩茶的说法。

② 斩 茶

采茶时多为大枝砍伐，采摘后须用砍刀类工具先将大枝截掉，再逐渐将其截小，方便后来制成单片茶叶、茶末。

③ 筛 茶

采摘后的茶叶要经过验收，不可夹带其他杂物，通过细筛筛出所要的精细茶末，残留于筛中的茶梗等杂物要去除。

④ 拣茶

拣茶，即将茶叶中的梗和黄片拣去。拣茶有顺序，须先拣梗，再拣黄片，拣茶者多为女子。

⑤ 洗 茶

采摘后的茶叶一般都要经过晒洗，洗是清洗掉附着于其上的灰尘。"洗茶"一词最早出现于北宋，当时是茶叶采制过程中的用语，此处即为这道工序。后来洗茶延伸至饮茶工序中。

⑥ 晒 茶

新采茶叶经过洒水除尘后，须晾干，以保证茶叶后期的制作。晒茶时，所用器具一般为竹制。

⑦ 炒 茶

　　炒茶为制茶工序中最为讲究的环节。炒茶的大铁锅须彻底洗净，炒茶时只可用手翻动，还要控制好火候，茶芽不可太生或太熟。

⑧ 踩 茶

　　经过翻炒的茶叶叶片变软，叶面自然卷皱，趁热将其搬运到敞口器物中，铺上踩板，人立于其上蹬踩，促使茶芽紧卷成条。

⑨ 搓 茶

　　经过踩茶后的茶芽，须再回锅翻炒，以便通过高温蒸发出尽可能多的茶叶青涩味，之后要重新经过踩茶、揉捻，使粗细分开。

⑩ 舂 茶

　　有的茶叶在经过晒青、揉焙等工序后，需舂成粉状。此图即为茶农用舂棒舂捣茶叶成末的情景。

⑪ 装 茶

　　制茶工序结束后将茶装于特制器物中，以待商贩收购。古词曲有："商贩频来物价赊，山中茗味最堪嘉。紫云宫外香氛绕，满市红茶与白茶。"

⑫ 托 茶

　　此处的托茶，即运茶工将打包好的茶叶，分门别类地按照茶箱上的茶叶品级搬运至相关地方。

⑬ 试 茶

　　试茶，即品茶，宋至清皆有"试茶"之说。试级别差异较大的茶，为初级试茶。试同一类级别差异小的茶则为真正试茶。

⑭ 渡 茶

　　中国茶文化历史悠久，每当采摘时节到来，茶农便忙碌于茶园之间。古有"采茶人唱花田曲，舟外桥边隔树听"的词曲。